中国妈妈的权威孕育指南 食全食美

坐月子怎么吃

尹念/编著

中国人口出版社
China Population Publishing House
全国百佳出版单位

前　言

　　坐个好月子，健康一辈子。

　　怀孕和分娩，使新妈妈的身体发生了巨大的变化，分娩过程中，由于失血和耗费的体力比较多，新妈妈会感觉身体非常虚弱。十月怀胎，终于和宝宝见面了，感觉内心幸福的同时，不要忘了，新妈妈只有被悉心呵护，才能使身体尽快休整，迅速复原。

　　中医认为，新妈妈生产后，身体新陈代谢的能力减弱，气血两虚，容易缺乏营养，免疫力低下。此时，新妈妈需要一段时间，适当休息并进行自我调整，以便让自己的身体和精神从怀孕和分娩中恢复过来。这段时间通常会需要6~8周的时间，在这一期间，新妈妈需要得到一些特殊的照顾，并有一些特殊的要求和禁忌，这就是民间所说的"坐月子"。

　　新妈妈坐月子，除了照顾好新生宝宝外，最重要的还是通过饮食来调理自己的身体。

　　通过一本深入浅出、通俗易懂、图文并茂的图书，科学地帮助新妈妈安排坐月子饮食，调理身心健康，坐一个健康愉快的月子，是我们编写本书的初衷。

　　不管你是顺产的新妈妈还是剖宫产的新妈妈，不管你在产后哪一天哪一周，我们这本书都细致入微地为你量身打造了你的月子餐。每一道美食，都配有精美的图片，让你操作起来更顺手。针对产后可能出现的常见问题，本书进行了详细的答疑；针对产后可能出现的常见疾病，本书提供了可行的食疗方案。

　　希望每一位新妈妈都能在本书的指导下，顺利度过月子期，吃得更科学、更健康。

目　录

Part1　坐月子的饮食原则

Part2　产后第1周，开胃为主

Contents

Part3 产后第2周，补血为要

Part4 产后第 3 周，催奶好时机

Part5 产后第4~6周，恢复体力

Part6 特殊产妇的饮食调理

Part7 产后养颜塑身的饮食调理

Part8 月子不适的饮食调理

Part 1

坐月子的饮食原则

♬ 少食多餐

新妈妈每日餐次应较一般人多，以5~6次为宜。这是因为餐次增多有利于食物消化吸收，保证充足的营养。产后新妈妈胃肠功能减弱，蠕动减慢，如一次进食过多过饱，会增加胃肠负担，从而减弱胃肠功能。如采用多餐制则有利于胃肠功能恢复，减轻胃肠负担。

♬ 饮食清淡适宜

一般认为，月子里以饮食清（尽量不放调料）淡（不放或少放食盐）为好，此种观点并不正确。

从科学角度上讲，月子里的饮食应清淡适宜。在调料的放量上，如葱、姜、大蒜、花椒、辣椒、酒等应少于一般人的量，食盐也以少放为宜，但并不是不放或过少。放各种调料除能增加胃口、促进食欲外，对新妈妈身体康复亦是有利的。从中医学观点来看，产后宜温不宜凉，温能促进血液循环，寒则凝固血液。在月子里身体康复过程中，有许多余血浊液（恶露）需要排出体外，产伤亦有淤血停留，如食物中加用少量葱、姜、蒜、花椒、辣椒粉及酒等多性偏温的调料，则有利于血行，有利于淤血排出体外。

♬ 以食物补水

产后，新妈妈需要补充水分来保证乳汁分泌。由于产后出汗较多，而体内又有大量孕期增加的水分需要排出，新妈妈不宜直接大量饮水，食物中的水分是新妈妈补充水分最好的途径。月子里的饮食必须干稀搭配，新妈妈可多喝营养丰富的汤或粥，还可饮用果汁、牛奶。

♨ 食物需易于消化

月子期，照顾到吸收的需要，新妈妈的饭要煮得软一点，新妈妈要少吃油炸的食物。

产后，新妈妈的牙齿可能出现松动的现象，要少吃坚硬的带壳的食物。

♨ 吃营养价值高的食物

产后5天之内，新妈妈的食物应以米粥、软饭、面片、蛋汤等清淡软食为主。一周后胃纳正常，新妈妈则需要吃些营养价值高的食物，尤其是含蛋白质、钙、铁比较丰富的食物，如鱼、肉、鸡蛋、牛奶、少量动物肝脏、豆制品、鸡汤、鲫鱼汤、猪蹄汤等。

♨ 蔬菜、水果不可少

蔬菜、水果类食品主要供给母乳维生素和无机盐，是膳食中胡萝卜素、维生素C、维生素B_2、钙和铁的主要来源。蔬菜、水果类食品因富含钾、钙、镁等元素，有助于维持人体内的酸碱平衡。蔬菜和水果中含有丰富的纤维素和果胶。纤维素和果胶虽不能为人体所消化吸收，但可以促进胃肠蠕动和消化腺分泌，尤其是果胶在水中膨胀后形成柔软的物质，它既不过分刺激胃肠，又能促进胃肠正常蠕动，帮助排便。

蔬菜和水果是宝宝生长发育所必需的多种维生素和无机盐的最好来源。如胡萝卜中的胡萝卜素在体内转化为维生素A，有益于皮肤上皮细胞发挥正常功能；发菜、大豆中的钙是制造骨骼和牙齿的原料，有益于宝宝骨骼、牙齿发育。所以新妈妈应多吃蔬菜和水果，以保证自己身体健康和宝宝的正常发育。如果忽视蔬菜和水果的摄入，则新妈妈有可能出现某些维生素或无机盐的补充不足，从而影响宝宝的生长发育。

当然，新妈妈除了多吃蔬菜、水果外，也要注意蛋白质、脂肪、糖类食物的补充，这对新妈妈身体的恢复及乳汁的分泌均有很大帮助。

♫ 荤素搭配很重要

从营养学角度来看，不同食物所含的营养成分种类及数量不同，而人体需要的营养是多方面的，过于偏食会导致某些营养素缺乏。

一般的习惯是，月子里提倡大吃鸡、鱼、蛋，而忽视其他食物的摄入。新妈妈产后身体恢复及哺乳，食用产热高的肉类食物是必需的，但蛋白质、脂肪及糖类的代谢必须有其他营养素的参与，过于偏食肉类食物反而会导致其他营养素的不足。就蛋白质而言，荤素食物搭配有利于蛋白质的互补。从消化吸收角度来看，过食荤食，有碍胃肠蠕动，不利消化，降低食欲，"肥厚滞胃"正是这个道理。某些素食除含有肉类食物不具有或少有的营养素外，一般多含有纤维素，能促进胃肠蠕动，促进消化，防止便秘。

因此荤素搭配、广摄各类食物既有利于营养摄入，又能促进食欲，还可防止疾病发生。

♫ 注重优质蛋白质摄取

优质蛋白是乳汁的重要成分。产后第2周以后，新妈妈可以多吃些鸡、鱼、瘦肉、动物肝脏等，适量喝些牛奶，一般每天摄取90克左右蛋白质即可保证乳汁质量。

♫ 高蛋白，低脂肪

月子里新妈妈卧床休息的时间比较多，这个时候的饮食应该以高蛋白、低脂肪的为主，比如黑鱼、鲫鱼、虾、黄鳝、鸽子，避免因脂肪摄入过多引起产后肥胖。为了食物容易被消化，在烹调方法上多采用蒸、炖、焖、煮，不采用煎、炸的方法。

产后第1周，开胃为主

🎵 新妈妈身体变化

体重

体重减轻大约5千克。分娩后不久，由于胎儿、胎盘、羊水等被排出体外，新妈妈的体重会减少5千克左右。

恶露

恶露量较大。生产后，子宫中的残留物会经由阴道排出体外，形成恶露。产后3~4天的恶露为血性恶露，呈血液颜色，无异味(有血腥味)，量较大，但不超过平时的月经量(如果恶露量过大，请及时咨询医生)。血性恶露中有时会有小血块及坏死蜕膜组织，这是正常的。

子宫

子宫逐渐缩小至拳头大小。怀孕时膨胀的子宫在产后需要慢慢恢复到孕前的状态。在产后第1周，子宫回位、收缩都比较迅速。

一般产后1周后，子宫位置就会从肚脐处下降到耻骨的位置，大小也缩得和一只拳头差不多。

精神

新妈妈精神倦怠。新妈妈在生产时耗费了大量体力，在产后1周时间内，大多数时候会觉得倦怠，需要多多卧床休息。注意，随着分娩的结束，新妈妈体内的激素分泌会发生急剧变化，部分新妈妈可能因为激素分泌变化而导致情绪大起大落，因此要注意调试自身的情绪，避免引发产后抑郁症(大多数的产后抑郁都是在这一周出现的)。

┌─ 贴心提示 ─────────────────

新妈妈在生产时用力过大，会使身体在产后有酸痛感觉，浑身不适。这种感觉一般在分娩2~3天后就会消失。经历了会阴侧切的新妈妈，侧切伤口的疼痛感会在分娩4~5天后逐渐消退。

└─────────────────────────

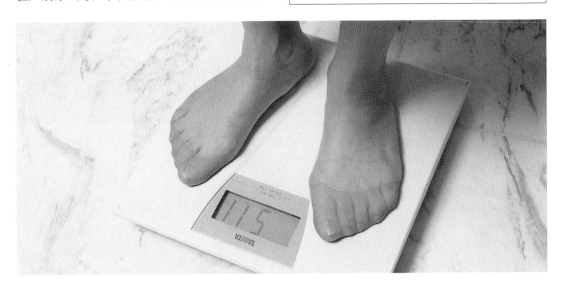

♪ 宝宝成长发育

一天24小时里，可能有16~17个小时宝宝都在睡觉,这通常会被分成大概8个"小觉"。

出生第2天，宝宝排出黑绿色的胎便；从第4~5天开始,胎便逐渐变成黄色。

宝宝每天排尿6~10次，排尿次数多，但量很少。

出生1周时，宝宝的体重稍有下降。

吃是宝宝的头等大事，不管是在白天还是晚上，每2~3个小时宝宝就要吃一次。只要宝宝饿了，都应该随时喂他。

♪ 营养需求

食物要营养丰富

新妈妈不仅需要营养来补充孕期和分娩期的消耗，恢复身体健康，还要哺育婴儿。产褥期的新妈妈所需要的热量较高，每日约需3000千焦。食物中的蛋白质、脂肪和糖类是人体热能的主要来源，而蛋白质、矿物质和维生素也是维持人体机能所必需的。因此，新妈妈应该食用营养丰富的食物。

营养均衡

新妈妈要特别注意自己的营养均衡，在分娩当天，应以清淡、温热、易消化的稀软食物为宜。建议顺产新妈妈的产后第一餐应以温热、易消化的半流质食物为宜，如藕粉、蒸蛋羹、蛋花汤等；第二餐可基本恢复正常，但由于产后疲劳，胃肠功能差，仍应以清淡、稀软、易消化的食物为宜，如挂面、馄饨、小米粥、面片、蒸(煮)鸡蛋、煮烂的肉菜、糕点等。

补充足够的液体

顺产的新妈妈由于体力消耗更大，出汗多，需要补充足够的液体，包括牛奶、白开

水等，但在乳汁分泌顺畅之前，暂不要大量补汤，以免乳汁分泌过多堵塞乳腺管。有会阴伤口的新妈妈，需要在自解大便后，才能恢复日常饮食，同时要每天保证大便的通畅；如有会阴Ⅲ度裂伤，新妈妈需要无渣饮食1周后再吃普通食物。软质的食物一方面易消化，另一方面也有利于产后新妈妈的牙齿健康，因此适合于所有的新妈妈。

以"排"为主

新妈妈生产完之后体内的恶露需要排出体外。传统的"生化汤"即有加速恶露排除、调节子宫收缩的功效，对于生产后的新妈妈来说，饮用生化汤促使恶露排除干净是有其必要性的。一般生化汤的饮用方式为生产完后2~3天开始，顺产的新妈妈可连续服用5~7剂；剖宫产的妈妈因出血量较少，可减少服用的帖数。

加强必需脂肪酸摄取

必需脂肪酸是能调整激素分泌、减少炎症反应的营养素。当生产过后，新妈妈的身体需要必需脂肪酸帮助子宫收缩，好恢复到原来的大小，所以必需脂肪酸对新妈妈特别重要。一般新妈妈大多用芝麻油作为必需脂肪酸的食物来源，而且芝麻还具有润肠通便的效果，所以特别适合产后新妈妈食用。另外，对于鱼油所提供的脂肪酸会影响凝血作用，所以建议伤口尚未愈合的新妈妈，不要吃高剂量鱼油，最好以天然新鲜的深海鱼来作为鱼油的补充来源。

🍲 饮食要点

很多妈妈说自己落下月子病，这疼那受罪的，她们不知道，"月子头"（指坐月子第1周）的饮食不恰当，有可能是月子病的根源。"月子头"如何吃？里面有不少讲究。

口味清爽

不论是哪种分娩方式，新妈妈在刚刚生产的最初几日里会感觉身体虚弱，胃口比较差。如果这时强行填下重油重腻的"补食"，只会让胃口更加减退。在产后的第1周里，新妈妈可以吃些清淡的荤食，如肉片、肉末、瘦牛肉、鸡肉、鱼等，配上时鲜蔬菜一起炒，口味清爽，营养均衡。

食物易于消化

产后1~2天，由于劳累，新妈妈的消化能力减弱，应该吃些容易消化的食物，如牛奶、豆浆、藕粉、面片、大米或小米等谷类煮成的粥、挂面或馄饨等。以后随着消化能力的恢复，新妈妈可恢复普通饮食。

多吃汤类食物

乳汁的分泌是新妈妈产后水分的需要量增加的原因之一；此外，新妈妈大多出汗较多，体表的水分挥发也大于平时，因此要多喝汤、粥等。但在产后的3~4天里，新妈妈不要喝太多的汤，以免乳房淤胀过度。待泌乳后才可以多喝汤，如鸡汤、排骨汤、猪蹄汤、鲫鱼汤、桂圆肉红枣汤、肉骨汤煮黄豆等，这些汤类既可促进乳汁分泌，又含有丰富的蛋白质、矿物质和维生素等营养素。

不宜快速催乳

新妈妈大多乳腺管还未完全通畅，产后前两三天不要太急着喝催奶的汤，不然涨奶期可能会乳房胀痛，也容易得乳腺炎等疾病。

饮食要尽量少盐

在怀孕后期，准妈妈全身及脚都很容易出现水肿，而在分娩后不会立刻消除。再加上新妈妈需要面对调适心理压力、整理情绪等问题，会使皮质激素分泌增加，造成体内水分和钠盐的滞留，因此需节制对盐分的摄取量，否则将增加心血管及肾脏负担，不利于身体恢复。

忌吃辛辣温燥食物

因为辛辣食物可助内热，而使新妈妈上火，出现口舌生疮、便秘或痔疮等症状，通过乳汁使宝宝内热加重，因此新妈妈饮食宜清淡。尤其在产后5~7天之内，新妈妈的饮食应以松软的主食、蛋汤等为主，不要吃过于油腻之物，特别应忌食大蒜、辣椒、茴香、酒、韭菜等辛辣温燥食物。

不宜食生、冷、硬的食物

新妈妈产后体质较弱，抵抗力差，容易引起胃肠炎等消化道疾病，产后第1周尽量不要食用寒性的水果，如西瓜、梨等。

月子菜不宜放味精

食用味精本身是有益无害的，对新妈妈不会造成任何影响。但是母乳喂养的新妈妈在摄入高蛋白饮食的同时，又食用味精，味精中大量的谷氨酸钠会通过乳汁进入宝宝体内，与宝宝血液中的锌发生特异性结合，形成不能被身体吸收的锌化合物而随尿排出，导致宝宝缺锌。

产后第1周一日饮食方案

餐次	时间	饮食方案
早餐	7：00—7：30	牛奶1杯，小米粥1碗
加餐	9：30—10：00	酸奶1杯，山楂梨丝1份
午餐	12：00—12：30	粳米红糖粥，胡萝卜蛋羹
加餐	15：00—15：30	牛奶1杯，苹果1个
晚餐	18：30—19：00	脆鲜面，豆腐煲，番茄墨鱼汤
加餐	21：00—21：30	红糖水1杯，蛋黄肉糕1小块

最适宜的营养食材推荐

♪ 红糖——化淤镇痛，促进恶露排出

红糖是一种未精炼的糖，含有大量的钙、铁、核黄素、烟酸以及锰、锌等矿物质。

营养功效

1 在月子里，新妈妈最怕受寒着凉，红糖则可以祛风散寒。

2 新妈妈产后淤血导致腰酸、小腹痛、恶露不净，红糖可以活血化淤和镇痛。

3 新妈妈活动少，容易影响食欲和消化，红糖可以健脾暖胃。

4 新妈妈分娩时失血过多，红糖可以补血。

食用宜忌

1 食用红糖最好控制在10~12天之内。如果食用红糖时间过长，会使恶露增多，导致慢性失血性贫血，而且会影响子宫恢复以及新妈妈的身体健康。因此，新妈妈食用红糖最好控制在10~12天之内，以后则应多吃营养丰富、多种多样的食物。

2 常吃糖容易导致龋齿，新妈妈也要注意。

🎵 小米——开胃助消化，滋阴养血

　　小米含有多种维生素、氨基酸和碳水化合物，营养价值较高，对于新妈妈来说，小米可以说是最理想不过的滋补品。

营养功效

1 小米含铁量高，对于新妈妈产后滋阴养血大有功效，可以使新妈妈虚寒的体质得到调养，帮助恢复体力。

2 小米具有健胃消食，防止反胃、呕吐的功效。如新妈妈胃口不好，吃了小米后能开胃又能养胃。

3 小米富含维生素B_1、维生素B_2等，有防止消化不良及口角生疮的功能。

4 中医认为，小米性微寒、味甘，有健脾、和胃、安眠的功效。另外，小米含丰富的淀粉，进食后能使人产生温饱感，可以促进胰岛素的分泌，从而提高进入脑内色氨酸的数量。新妈妈常吃小米粥，不仅睡得快、睡得香，而且第二天早晨面色红润，精力充沛。

5 小米粥的硒含量也很高。硒是重要的抗氧化剂，有明显的抗衰老作用。

食用宜忌

1 小米的蛋白质营养价值并不比大米更好，因为小米蛋白质的氨基酸组成并不理想，赖氨酸过低而亮氨酸又过高，所以新妈妈不能完全以小米为主食，应注意搭配，以免缺乏其他营养。

2 小米与红糖同食可补血。小米有健脾胃、补虚损的功效；红糖中铁含量较高，有排

除淤血、补充失血的作用。二者同食可补虚、补血，特别适合新妈妈食用。

3 小米与鸡蛋同食有利于蛋白质的吸收。鸡蛋中含有丰富的蛋白质，小米富含B族维生素，对蛋白质的吸收有促进作用。二者同食，能提高人体对蛋白质的吸收。

♫ 糯米——温补主食，缓解食欲不佳

糯米是一种营养价值很高的谷类食品，味甘，性温，香糯黏滑，常被用以制成风味小吃。其中，紫红糯米与黑米是糯米中的珍品。

营养功效

1 糯米能固表止汗，缓解气虚所导致的盗汗、妊娠后腰腹坠胀、因劳动损伤后气短乏力等症状。

2《本草纲目》中记载糯米"主消渴，暖脾胃，止虚寒泻痢，缩小便"。因此经常腹泻的新妈妈食用糯米有较好的疗效；由脾胃虚弱导致的腹泻、消化不良，可将糯米酒煮沸加鸡蛋煮熟食用。

3 糯米能补中益气，健脾暖胃，主治脾胃虚寒和反胃、食欲缺乏以及消化道慢性疾病等。

食用宜忌

1 糯米和红枣都属于性温味甘的食物，二者的功能相似，同食具有很好的温中祛寒效果，可以治疗脾胃气虚。

2 由于糯米黏滞、难于消化，因此一定要注意适量食用。

3 糯米食品中含大量碳水化合物和钠，因此对于肥胖，有糖尿病、高血脂等慢性疾病的新妈妈，应尽量少食或不食。

4 糯米在蒸煮前先在净水中浸1~2小时。特别要控制好蒸煮的时间，如果蒸煮过头，糯米就会失去其香气原味；时间不够则会过于生硬，不仅影响口感，还不利于消化。

♫ 海参——恢复元气，加速伤口愈合

海参是少有的高蛋白、低脂、低糖、极低胆固醇的天然滋补食品。

营养功效

1 海参具有很强的再生能力，如把它切为几段，每段均可长成新海参。因此，海参具有生肌、滋养、修补组织的功效，有利于新妈妈的身体恢复。

2 海参富含58种天然活性营养，所含的丰富蛋白质是生命的物质基础，也是新妈妈生产、哺乳期需要量最大、最重要的营养成分。适量吃些海参，可以为哺乳期的母、婴身体提供足够的优质蛋白。

3 海参有"补肾，生百脉血"的功效，新妈妈适量吃一些海参，能调节身体阴阳平衡，使气血充盈。

食用宜忌

1 海参与羊肉同食可补肾。海参，其性温补，对虚损劳弱有补肾益精、养血润燥、滋阴

健阳等作用。而羊肉甘温，能温肾助阳、补益精血、益气补中、温暖脾胃。因此，海参、羊肉相配，补肾、益肾、养血功效尤为增强，实为滋补强壮佳品。

2 为了避免海参中的过多蛋白质加重肾脏负担，食用海参一次不宜过多。

3 烹制海参不宜加醋。加了醋的海参不但吃起来口感、味道均有所下降，而且由于胶原蛋白受到了破坏，营养价值自然也就大打折扣。

🍒 干贝——滋阴补肾，和胃调中

干贝即扇贝的干制品，其味道、色泽、形态与海参、鲍鱼不相上下。

营养功效

1 干贝有补五脏、益精血的功效，适于虚劳羸瘦、肢体乏力、产后虚弱的新妈妈食用。

2 干贝有稳定情绪的作用，可治疗产后抑郁症。

食用宜忌

1 干贝所含的谷氨酸钠是味精的主要成分，可分解为谷氨酸和酪氨酸等，在肠道细菌的作用下，会干扰大脑神经细胞正常代谢，因此一定要适量食用。

2 干贝烹调前应用温水浸泡涨发，或用少量清水加黄酒、姜、葱隔水蒸软，然后烹制入肴。

3 干贝与香肠不能同食。干贝含有丰富的胺类物质，香肠含有亚硝酸盐，两种食物同时吃会结合成亚硝胺，对人体有害。

♪ 玉竹——增进食欲，润肺滋阴

营养功效

1 玉竹味甘多脂、性平微寒、质柔而润，长于养阴，久服不伤脾胃，属滋阴、养气、补血之品。新妈妈食用玉竹，能达到滋阴、补血的作用。

2 玉竹平补而润，补而不腻，兼有除风热的功效，不寒不燥，能补益五脏，滋养气血，能有效改善新妈妈由于机体失衡带来的失眠多梦、疲乏无力、头晕心慌等问题，让新妈妈精力充沛，体态轻盈。

食用宜忌

1 适宜体质虚弱、免疫力降低、阴虚燥热、食欲缺乏、肥胖的新妈妈。

2 新妈妈内热，可与淮山同用，可以滋阴清热，生津止渴。

♪ 红枣——适合新妈妈产后脾胃虚弱、气血不足

红枣含有丰富的蛋白质、脂肪、糖类、果酸、维生素A、维生素C、钙及多种氨基酸等营养成分，具有补中益气、养血安神的保健功效，是新妈妈产后滋补的良好食物。

营养功效

1 红枣中含有丰富的铁，这对帮助新妈妈补充铁质，预防缺铁性贫血具有十分重要的意义。

2 中医认为，红枣味甘性温，具有补中益气、养血生津的功效，对治疗脾虚、食少、气血亏虚等疾病具有独特的疗效。新妈妈产后常吃红枣，不但可以养气补血，还可以调和脾胃，促进消化，对新妈妈摆脱衰弱状态，早日恢复元气具有很大的帮助。

食用宜忌

1 红枣一次不宜多食，尤其内有湿热的新妈妈，多食会出现寒热口渴、胃酸过多、腹胀等不良反应。

2 龋齿疼痛、下腹胀满、便秘的新妈妈不宜食用红枣。

3 枣皮中含有丰富的营养，煮汤时应连皮一起炖。

4 红枣腐烂后，在微生物的作用下会产生果酸和甲醇，人吃后会出现头晕、视力障碍等中毒反应，重者还可危及生命，所以一定不要食用烂枣。

5 大枣与核桃同时食用，能给人体提供十分全面的营养物质，并能起到美容养颜的效果。

橘子——补充维生素C和钙质

橘子是秋冬季节常见的美味佳果。它富含维生素C、橘皮苷、柠檬酸、苹果酸、枸橼酸等营养物质，具有消除疲劳、生津止渴、和胃利尿的保健作用。

营养功效

1 橘子中所含的膳食纤维和果胶，可以增加胃肠蠕动，促进排便，帮新妈妈预防产后便秘。

2 橘子中的橘皮苷，还可以加强毛细血管的韧性，降低血压，减少动脉血管中的胆固醇沉积，帮助新妈妈预防冠心病和动脉硬化。

3 新妈妈产后子宫内膜有较大的创面，出血较多。橘子中含维生素C丰富，维生素C能增强血管壁的弹性和韧性，防止出血。

4 橘子中含钙丰富。钙是构成宝宝骨骼、牙齿的重要成分，新妈妈适当吃些橘子，能够通过乳汁把钙质提供给宝宝，这样不仅能促进宝宝牙齿、骨骼的生长，而且能防止宝宝发生佝偻病。

5 橘络(橘子瓣上的白丝)有通乳作用。如果新妈妈乳腺管不通畅，除可引起乳汁减少外，还可发生急性乳腺炎，影响对宝宝的喂养，吃橘子有助于避免这些现象的发生。

食用宜忌

1 橘子可以常吃，但不要吃得太多，每天吃1~3个橘子为宜。

2 熬粥时放入几片橘子皮，可以使粥芳香爽口，还可以开胃；烧肉或排骨时加入几片橘子皮，既可以解除油腻，又可以增加鲜味。

3 吃橘子前后1小时不要喝牛奶。因为牛奶中的蛋白质遇到果酸会凝固，影响消化吸收。

4 吃完橘子应及时刷牙漱口，以免橘子中的糖分和果酸残留在口腔里，对牙齿产生损害。

♪ 山楂——散淤活血助消化

山楂是健脾开胃、消食化滞、活血化痰的良药，有很高的营养价值，被人们视为长寿食品。

营养功效

1 山楂所含的解脂酶能促进脂肪类食物的消化，具有促进胃液分泌和增加胃内酶素等功能，有助于减轻新妈妈因摄入肉食过多而引起的腹胀、泛酸、饱闷等症状。

2 山楂可以散淤血，能防治分娩后滞血痛胀和腹中疼痛。山楂肉与红糖煎服，可以帮助新妈妈排除产后恶露，治疗产后腹痛。

3 山楂含有碳水化合物、粗纤维、钙、磷、铁、维生素等，含钙量名列鲜果榜首，可以使新妈妈的乳汁含钙量增加，是绿色、天然的钙来源。

4 山楂对子宫有收缩作用，在孕妇临产时有催生之效，并可促进产后子宫复原。

5 山楂中含有三萜类及黄酮类等药物成分，具有显著的扩张血管及降压作用。

食用宜忌

1 空腹时不可多吃，平时食用山楂也不能过多，食用后还要及时漱口，以防损害牙齿。

2 不宜用铁锅煮山楂，因为其含有果酸，会与铁发生化学反应，产生低铁化合物，人食用后有可能引起中毒。

3 山楂与海鲜同食不易消化。山楂中含有鞣酸，易与海鲜食品中的蛋白质结合成鞣酸蛋白，不易消化，从而引起便秘、腹痛、恶心等症。

4 山楂与鸡肉同食能促进蛋白质的吸收。鸡肉中含有丰富的蛋白质，山楂中所含的B族维生素可促进人体对蛋白质的吸收，所以二者同食有益健康。

5 山楂与南瓜同食会破坏维生素C。山楂富含维生素C，南瓜中则含有维生素C分解酶，若二者同食，会破坏山楂中的维生素C，降低营养价值。

坐月子怎么吃

水芹炒干丝

原料：水芹500克，豆腐干100克，葱花适量。

调料：植物油、精盐各适量。

做法：

1 水芹洗净切段，入沸水锅焯一下，捞出沥水；豆腐干切段。

2 炒锅上火，加油烧热，下豆腐干煸炒两分钟，出锅备用。

3 净锅上火，加油烧热，放葱花爆香，下水芹煸炒，加入精盐，倒入豆腐干炒片刻出锅即成。

贴心提示：水芹含丰富的铁、锌等微量元素，有平肝降压、安神镇静、抗癌防癌、利尿消肿、增进食欲的作用；豆腐干含有铁、钙、磷、镁等人体必需的多种微量元素，还含有糖类和丰富的优质蛋白。两者搭配能给新妈妈提供丰富的营养，还能提高身体的恢复速度。

花生大枣粥

原料：糯米150克，花生仁100克，大枣50克。

调料：红糖适量。

做法：

1 将花生仁洗净，清水泡5小时；糯米淘洗干净，清水浸泡1小时；大枣泡洗干净。

2 锅置火上，下花生仁、糯米，加水1大碗，大火烧开，改小火煮熟，再加入大枣，用小火继续煮10分钟，调入红糖即可。

贴心提示：大枣含有丰富的蛋白质、维生素A、维生素C、钙等营养成分，具有补中益气、养血安神的保健功效；花生仁含丰富蛋白质、矿物质，特别是含有人体必需的氨基酸，有促进脑细胞发育，增强记忆的功能。此粥不但能满足新妈妈的需求，还能提供新生儿发育所需的氨基酸。

粳米红糖粥

原料：粳米100克，肉桂2克。

调料：红糖适量。

做法：

1 粳米淘洗干净，清水浸泡1小时。

2 将肉桂洗净打碎，放入锅中，加适量清水，煮沸20分钟，滤取浓汁。

3 锅中加水1大碗，倒入粳米，旺火煮开，改小火熬煮，至粥将成时加入肉桂浓汁，续煮至粥成，再加入红糖调味即可。

贴心提示：红糖具有益气补血、健脾暖胃、缓中止痛、活血化淤的作用，与粳米搭配，可以促进消化，提高新妈妈身体恢复的速度。

橙汁水果盅

原料：红色甜椒25克，苹果50克，香蕉50克，白煮蛋半个，柳橙25克。

调料：低脂奶酪适量。

做法：

1 将柳橙去皮、去子，和适量低脂奶酪一起用果汁机打成橙汁酱。

2 红色甜椒去把后，用汤匙去子备用。

3 将苹果、香蕉及白煮蛋切丁放入红色甜椒中，最后淋上橙汁酱即可。

贴心提示：橙汁水果盅含有丰富的维生素C以及人体必需的营养元素，有美白、防便秘、开胃等作用。

菠萝香橙汁

原料：菠萝500克，柳橙50克。

调料：果糖适量。

做法：

1 菠萝去皮，挖去心切小块，加适量冷开水打汁。

2 柳橙洗净，带皮对半切块，加适量冷开水打汁。

3 将菠萝汁和柳橙汁混合，加入果糖搅匀即可。

贴心提示：菠萝香橙汁香味宜人，味甜鲜美，它含丰富的维生素及铁、钙、蛋白质和粗纤维，可帮助消化、健脾解渴、消肿祛湿。水果打成果汁后应该尽量保存果渣一起饮用。

红糖水煮蛋

原料：鸡蛋1个。

调料：红糖适量。

做法：

1 鸡蛋洗净；净锅倒水适量，下入红糖、鸡蛋，水沸后煮8分钟，关火。

2 待鸡蛋凉凉，剥皮食蛋，喝红糖水。

贴心提示：红糖中含有丰富的维生素和微量元素，如铁、锌、锰等。红糖对新妈妈产后失血过多，具有补血的功效；对新妈妈产后瘀血导致的腰酸、小腹痛、恶露不净，红糖具有活血化瘀和镇痛的作用；红糖还具有健脾、暖胃、化食、利尿的功效。

芦笋炒肉丝

原料：芦笋300克，瘦猪肉200克，水淀粉适量。

调料：植物油、精盐、料酒、酱油、白糖各适量。

做法：

1 芦笋洗净切段，沸水锅中加少许精盐，放入芦笋余烫稍软捞出，用清水冲凉。

2 瘦猪肉切丝，倒入半大匙料酒、酱油和水淀粉腌渍15分钟。

3 锅内加入植物油烧热，将肉丝过油后捞出备用。

4 锅内留少许底油，放入芦笋翻炒片刻。

5 加入肉丝，放入剩下的调料，加少许清水炒匀即可。

贴心提示：瘦猪肉可以提供血红素（有机铁）和促进铁吸收的半胱氨酸，具有补肾养血、滋阴润燥的功效。芦笋与瘦猪肉搭配，既可以帮助新妈妈有效地预防贫血，还能够为新妈妈补充身体所需的蛋白质、维生素和各种微量元素。

脆鲜面

原料：鳝鱼丝250克，面条200克，葱末、鲜汤各适量。

调料：胡椒粉、料酒、白糖、酱油、植物油、香油、精盐各适量。

做法：

1 鳝鱼丝放入开水中烫一下，捞出，沥去水分。

2 炒锅置火上，放植物油烧至八成热时，下鳝鱼丝，炸至无响声、鳝鱼丝发硬，即可用漏勺捞出。

3 炒锅倒出余油，放酱油、料酒、白糖、精盐、葱末、鲜汤制成卤汁，倒入鳝鱼丝，上下翻动，使卤汁粘在鳝鱼丝上，淋上香油，出锅放在煮好的面条上，撒上胡椒粉即成。

贴心提示：鳝鱼肉中含有的鳝鱼素，具有清热解毒、凉血止痛、祛风消肿、润肠止血等功效，适用于气血不足、虚羸瘦弱、产后恶露不净，或出血而气虚血亏的新妈妈。

豆腐煲

原料：豆腐100克，油菜100克，鲜香菇、番茄各50克，玉米笋2根，新鲜蔬果（用来制作素高汤）适量。

做法：

1. 素高汤的做法：用新鲜蔬果熬煮1~2个小时，待蔬果中的味道融入汤后，将蔬果渣去除即可。

2. 将豆腐洗净，切成片状；玉米笋用水冲洗一下。

3. 鲜香菇、油菜洗净备用；番茄洗净后切去蒂头，再切成块状。

4. 将素高汤放入沙锅中煮沸，加入所有原料炖煮至熟即可。

贴心提示：这道美食营养丰富，含有铁、钙、磷、镁等人体必需的多种微量元素，还含有糖类、植物油和丰富的优质蛋白，对产后新妈妈的身体恢复有很好的食疗作用。

金钩芹菜

原料：芹菜100克，虾米25克。

调料：料酒、精盐、白糖、香油各适量。

做法：

1. 芹菜去叶留梗，切成细丁；虾米洗净，放在碗里用少许开水浸泡，发软后切成丁。

2. 将虾米放入碗里，加入料酒，置蒸笼上蒸至酥软，出笼，备用。

3. 炒锅上火，加入适量清水，置旺火上烧沸后，将芹菜丁推入，迅速焯烫片刻，即倒入漏勺，沥去水分。

4. 将芹菜和虾米同放在盘内，拌匀，再加入精盐、白糖、香油拌匀即成。

贴心提示：芹菜含有利尿的有效成分，可以帮助新妈妈消除体内水钠潴留，利尿消肿；芹菜含铁量较高，具有养血补虚的作用。虾米含有丰富的钾、碘、镁、磷等矿物质及维生素A，对产后身体虚弱的新妈妈是极好的食物。

苹果蛋黄粥

原料：苹果1个，熟鸡蛋黄1个，玉米粉适量。

做法：

1 苹果洗净，切碎；熟鸡蛋黄搅碎。

2 锅置火上，加水烧开；玉米粉用凉水调匀，倒入开水中并搅匀；开锅后放入切碎的苹果和搅碎的熟鸡蛋黄，改用小火煮5~10分钟。

贴心提示：苹果中的果胶和鞣酸有收敛作用，可将肠道内积聚的毒素和废物排出体外，其中的粗纤维能润肠通便。

双色豆腐

原料：豆腐、血豆腐各200克，鸡汤适量。

调料：酱油适量。

做法：

1 将两种豆腐切成小块，放入开水中煮沸，捞出。

2 锅内加入鸡汤，煮开后，倒入豆腐稍煮片刻，加适量酱油出锅即可。

贴心提示：豆腐有补脾益胃、清热润燥、利小便的功效，能帮助新妈妈增加营养、增进食欲；血豆腐有解毒清肠、补血美容的功效。

虾仁馄饨

原料：虾仁、瘦猪肉各50克，馄饨皮8片，胡萝卜半根，高汤、葱、香菜各适量。

调料：精盐、香油、料酒、胡椒粉各适量。

做法：

1 将虾仁、瘦猪肉、胡萝卜、葱分别洗净，剁成碎末，混合到一起，加入料酒、精盐、胡椒粉拌匀。

2 把调好的馅料分成8份，包进馄饨皮中。

3 锅内加清水烧开，下入馄饨煮熟。

4 锅内加高汤煮开，放入煮熟的馄饨，撒上香菜及葱末，滴入香油即可。

贴心提示：虾仁营养丰富，含丰富的蛋白质、矿物质及维生素A，且其肉质松软，易消化，对身体虚弱以及产后需要调养的新妈妈最为适合。

蔬菜肝粥

原料： 猪肝、大米各50克，油菜适量。

做法：

1 将油菜切碎；大米淘洗干净。

2 锅内盛水，用小火煨粥。

3 煮开后，放入猪肝，继续煨粥。

4 粥熟烂时，放入油菜末，搅拌均匀。

贴心提示： 猪肝含有丰富的铁，是造血不可缺少的原料；油菜中的维生素具有加速人体的新陈代谢和增强机体的造血功能的作用。

干贝豆腐汤

原料： 豆腐250克，青豆、火腿肉各30克，水发香菇、水发干贝各25克，甜杏仁5克，牛奶20毫升，葱花适量。

调料： 植物油、料酒、精盐各适量。

做法：

1 水发干贝、水发香菇、火腿肉洗净切片；豆腐切成2厘米见方的块，入沸水中焯透，捞出沥水；甜杏仁去皮，青豆洗净。

2 净锅置火上，倒植物油烧至七成热，下葱花爆香，放入水发干贝、水发香菇、火腿肉、青豆、甜杏仁、豆腐，加入牛奶和适量清水，等青豆熟透，烹入料酒，调入精盐，推匀即成。

贴心提示： 水发干贝可滋阴补肾、调中平肝、利五脏，对气血亏虚、营养不良、食欲缺乏、消化不良等病症有良好的食疗作用。

山楂梨丝

原料： 梨400克，山楂50克。

调料： 白糖150克。

做法：

1 将梨洗净，削去皮，挖去核，切成细丝，放入盘中；山楂用开水浸泡一下，去核。

2 锅内加入适量清水烧沸，放入白糖，溶化后入山楂，待山楂熟透时，捞出，摆在梨丝周围即成。

贴心提示： 山楂有健脾胃、消积食、散淤血的功效；山楂还含有丰富的维生素、有机酸，能帮助胃肠对食物进行消化，提高机体免疫力。

鸡丝木耳面

原料：鸡蛋面150克，鸡肉丝100克，水发木耳丝50克，鸡汤、葱姜汁、鲜汤各适量。

调料：植物油、料酒、精盐各适量。

做法：

1. 鸡蛋面下入开水锅中煮熟，捞出凉凉。

2. 炒锅加植物油烧热，下入鸡肉丝、水发木耳丝炒熟，倒入凉面条，加入鲜汤、料酒、精盐、鸡汤、葱姜汁，汤沸，盛入碗中即可。

贴心提示：水发木耳丝富含糖类、蛋白质、维生素和矿物质，具有益气、止血止痛、补血活血等功效；鸡肉丝有温中益气、补虚填精、健脾胃、活血脉、强筋骨的功效。

酥麦饼

原料：小麦面粉150克，玉米粉、三花淡奶各50克，鸡蛋2个，泡打粉5克，黄油适量。

调料：糖适量。

做法：

1. 小麦面粉内加入玉米粉、三花淡奶、鸡蛋、泡打粉、糖、黄油，然后拌匀。

2. 揉匀成面团，再下成剂子。

3. 将剂子按扁，用模具压成形。

4. 再刻成梯田形花纹。

5. 放入烙饼机中烙成两面金黄色即可。

贴心提示：小麦面粉富含蛋白质、糖类、钙、磷、铁、多种维生素、氨基酸及麦芽糖酶、淀粉酶等，可补养心气、安定精神、增加气力。

常见营养疑问

♫ 产后可以马上吃人参吗

　　人参作为进补之上品，能益智、强身、抗病、抗疲劳、抗衰老，以及改善机体神经系统功能，减轻人的紧张状态等，新妈妈适当进补，补之有益。一般来说，新妈妈要在产后2~3周，产伤已经愈合，恶露明显减少时才可服用，生产完后不可马上吃人参，不然可能引起以下不适。

1 不利恶露排出
刚生产完的住院期间，正在排恶露，若服人参会使恶露难以排出，导致血块淤滞子宫，引起腹痛，严重的还会有胎盘剥落不完全，引起大出血。

2 使新妈妈失眠
人参含有能使中枢神经系统和心脏、血管产生兴奋作用的物质，能产生兴奋作用，使用后会出现失眠、烦躁、心神不宁等现象。刚分娩完的新妈妈十分疲累，如果立即服用人参，必将使新妈妈不能很好地休息，甚至失眠，影响产后的恢复。

3 加重出血
人参是一种大补元气的药物，中医认为，"气行则血行，气足则血畅"，服用过多，可加速血液循环。而新妈妈在分娩的过程中，内外生殖器的血管多有损伤，若服用人参，不仅妨碍受损血管的自行愈合，而且还会加重出血状况。

> **贴心提示**
>
> 　　适当补人参有益，但不可大量食用，以每天3克左右为宜。产后2个月新妈妈如还有气虚症状，可每天服食人参3-5克，连服1个月就可以了，千万不要过量。

♫ 生完宝宝就要马上喝催奶汤吗

月子期间，家人通常会为新妈妈炖一些营养丰富的汤，这不但可以给新妈妈增加营养，促进产后的恢复，同时可以催乳，使宝宝得到足够的母乳。但是喝汤也有一些讲究，不能在刚生产完就喝大量的汤。

从分娩到下奶，中间有一个环节，就是要让乳腺管全部畅通。如果乳腺管没有全部畅通，而新妈妈又喝了许多汤，那么分泌出的乳汁就会堵在乳腺管内，严重的还会引起新妈妈发热。

过早催乳还会使乳汁分泌增多。这时宝宝刚刚出世，胃的容量小，活动量少，吸吮母乳的能力较差，吃的乳汁较少，如有过多的乳汁淤滞，会导致新妈妈的乳房胀痛。此时新妈妈的乳头比较娇嫩，很容易发生破损，一旦被细菌感染，就会引起急性乳腺炎，乳房出现红、肿、热、痛，甚至化脓，增加了新妈妈的痛苦，还影响正常哺乳。

因此，新妈妈喝汤，一般应在分娩1周后逐渐增加。如果乳汁分泌充分，可以迟些喝汤；如果乳汁迟迟不下或者下得很少，应考虑早些喝点汤，促使下乳。一方面保证乳腺管畅通，同时也能适应宝宝进食量渐增需要。

> **贴心提示**
>
> 以后开始逐渐增加喝汤的量后，也要注意适度，不可为了增加乳汁分泌就无限制地喝，只要乳汁能满足宝宝需要，不感觉涨奶即可。喝太多很容易引起乳房胀痛，处理不恰当就会引起乳腺炎。

坐月子怎么吃

❧ 生化汤是每个人都可以喝的吗

生化汤是一种传统的产后方，有去旧生新的功效，可以帮助恶露排出，并有促进乳汁分泌、加强宫缩、减轻宫缩时疼痛的作用，还可预防产褥感染的发生。

但是生化汤并不是人人都适合服用的，有部分人在服用生化汤的过程中，反而出现恶露增加的现象，此时必须及时停止服用，以免导致严重出血的不良情况。

产后服用生化汤还要因人、因证而异，辨证论治，要在中医师的指导下服用。如果服用不当，反而会有反效果。

因人而异

生化汤是《傅青主女科》一书中的名方，可起到化淤、温经止痛的功效，有利于恶露排出。在实际应用时必须根据病情的轻重来灵活加减，不可生搬硬套。

产后不可立即服用

此外，分娩后不宜立即服用生化汤，因为此时医生会开一些帮助子宫复原的药物，若同步饮用生化汤，会影响疗效或增加出血量。

一般自然分娩的新妈妈可以在产后3天开始服用，连服7~10剂。剖宫产的新妈妈则建议最好推到产后7天以后再服用，连服5~7剂，每天1剂，每剂平均分成3份，在早、中、晚三餐前，温热服用，不要擅自加量或延长服用时间。

> **贴心提示**
>
> 熬制生化汤比较麻烦，可以考虑咨询中医后直接到中药房购买成品，拿回来每次服用前温热即可。

❧ 产后怎样喝姜汤

　　姜是适宜新妈妈食用的，它可以促进恶露排出，但是应掌握好时机和度。

　　由于姜是辛温之物，可促进血液循环，过多食用会增加血性恶露，使恶露排不干净，子宫内膜修复不好，造成贫血，产后体弱，所以产后不能马上就吃姜或姜制品。新妈妈可以自己观察，如果恶露转为颜色淡黄或白色，则此时是进食姜汤较理想的时机。

　　要注意的是，姜汤也不能一天喝一大碗，通常隔天喝小半碗为宜，不宜饮用浓姜汁。

　　另外，饮用姜汤的时间不宜太长，一般可持续10天左右。如果恶露突然增多或颜色变鲜红，则应暂时停止或减少姜汤的分量。

┌─ 贴心提示 ─
│　　如果你是寒性体质，可以在做汤时少量放
│一点儿姜，可以起到活血暖身的作用。
└─

坐月子 怎么吃

❧ 月子里吃什么水果好

　　产后适量吃水果对新妈妈有很多好处。水果中含有大量的维生素C，具有止血和促进伤口愈合的作用，也能促进乳汁分泌。很适合月子里吃的水果有：

猕猴桃

　　维生素C含量极高，有解热、止渴、利尿、通乳的功效，常食可强化免疫系统。对于剖宫产术后恢复有利。因其性冷，食用前用热水烫温。每日1个为宜。

榴莲

味甘性热,盛产于东南亚,有"水果之王"的美誉。因其性热,能壮阳助火,对促进体温、加强血液循环有良好的作用。产后虚寒者,不妨以此为补品。榴莲性热,不易消化,多吃易上火。与山竹伴食,即可平定其热性。同时,剖宫产后易有小肠粘连的新妈妈谨食。

苹果

味甘,性平微凉。不仅有抗癌功效,还可增强记忆力。苹果有生津、解暑、开胃的功效,含有丰富纤维素,可促进消化和肠壁蠕动,减少便秘。

木瓜

木瓜中含有一种木瓜素,有高度分解蛋白质的能力。鱼肉、蛋品等食物在极短时间内便可被它分解成人体很容易吸收的养分,直接刺激母体乳腺的分泌。同时,木瓜自身的营养成分较高,故又称木瓜为乳瓜。新妈妈产后乳汁稀少或乳汁不下,均可用木瓜与鱼同炖后食用。

橄榄

有清热解毒、生津止渴之效。孕妇及哺乳期妇女常食橄榄,可使宝宝更聪明。

葡萄

味甘酸,性平。有补气血、强筋骨、利小便的功效。因其含铁量较高,所以可补血。制成葡萄干后,铁占比例更大,可当做补铁食品,常食可消除困倦乏力、形体消瘦等症状,是健体延年的佳品。新妈妈产后失血过多,可以葡萄作为补血圣品。

菠萝

有生津止渴、助消化、止泻、利尿的功效。富含维生素B_1,可以消除疲劳、增进食欲,有益于新妈妈产后恢复。

香蕉

香蕉中含有大量的纤维素和铁质,有通便补血的作用。需要注意的是,中医认为,香蕉属于甘寒食品,不宜吃得太多,每次半根即可,特别是坐月子的前几天,最好先在水中温一温再吃。

山楂

山楂中还含有大量的山楂酸、柠檬酸,能够生津止渴、散淤活血。分娩后新妈妈往往食欲缺乏、口干舌燥、饭量减少。如果新妈妈适当吃些山楂,能够增进食欲、帮助消化、加大饭量,有利于身体康复和母乳喂养。另外,山楂散淤活血的作用,能够帮助恶露排除,减轻腹痛。

红枣

红枣中含丰富的维生素C,还含有大量的葡萄糖和蛋白质。中医认为,红枣是水果中最好的补药,具有补脾活胃、益气生津、调整血脉和解百毒的作用,尤其适合脾胃虚弱、气血不足的坐月子的人食用。其味道香甜,吃法多种多样,既可口嚼生吃,也可熬粥蒸饭熟吃。

贴心提示

有些水果性质寒凉,比如西瓜、火龙果、柿子等,月子期间不宜受凉,这类寒性瓜果应尽量少吃或不吃。

Part 3

产后第2周，补血为要

♫ 新妈妈身体变化

体重

随着恶露的排除，以及尿量的增加、出汗和母乳分泌等因素，新妈妈的体重还会有一定的下降，具体减重量因人而异。

恶露

进入本周后，新妈妈的恶露量会逐渐变少，颜色也由鲜红色逐渐变浅为浅红色直至咖啡色。恶露中的血液量减少，浆液增加，也叫浆液恶露(一般发生于产后5~10天)。如果本周新妈妈排出的恶露仍然为血性，并且量多，伴有恶臭味，请及时咨询医生。

子宫

新妈妈的子宫位置在继续下降，并逐渐下降回盆腔中；子宫本身也在变小，大约缩小至棒球大小。

精神

虽然新妈妈的身体还没有完全恢复，但却要开始规律地为宝宝哺乳。每天昼夜不停的哺乳工作，会极大地影响新妈妈的休息，所以新妈妈在第2周会比较劳累。家人应多分担并协助新妈妈照料小宝宝。

> **贴心提示**
>
> 大多数新妈妈的乳汁已开始正常分泌，这时的宝宝每天需要大约50毫升奶水，新妈妈在这一周可以适当喝一些有催乳功效的汤、粥。

🎵 宝宝成长发育

宝宝每天睡20个小时左右。

脐带变黑干结，然后脱落。

吃奶量和排泄次数比较稳定，2~3个小时需要吃一次，大便次数可达8~12次之多，母乳喂养的宝宝大便比较稀软。

宝宝的视觉还未发育完全，看东西模模糊糊的，新妈妈要紧紧地抱着他，他才能看清新妈妈的脸。

🎵 营养需求

多食补血食物

进入产后的第2周，新妈妈的伤口基本上愈合了。经过上一周的精心调理，胃口应该有明显的好转。这时新妈妈可以开始尽量多食补血食物，调理气血。

新妈妈日常应多吃些富含造血原料的优质蛋白质、必需的微量元素(铁、铜等)、叶酸和维生素B_{12}等营养食物，如动物肝脏、动物肾脏、动物血、鱼、虾、蛋类、豆制品、黑木耳、黑芝麻、红枣以及新鲜的蔬菜、水果等。

另外，新妈妈可用一些补气的药物调理，如用黄芪、白术、红枣、甘草来炖鸡或排骨，以补气。

适当摄取膳食纤维

一般月子中的饮食大部分是以蛋白质类的食物为主，相对的像是蔬菜类及水果类的摄取量就不多，甚至传统上都认为蔬菜及水果的属性偏凉性或是冷性，不适宜给虚弱的产后新妈妈食用。还有些新妈妈可能在坐月子期间完全不吃，那么，膳食纤维的摄取量就更少了，加上长时间的卧床休息，新妈妈很容易出现便秘的情况。而且蔬菜及水果中丰富的维生素及矿物质也是宝宝需要的营养，所以坐月子的新妈妈还是每天要摄取400克以上的青菜及250克的水果。

适当多吃催乳食物

新妈妈在产后第2周的饮食可逐渐恢复成一般的饮食，因宝宝吸食母奶的状况已渐渐稳定，吸吮时间与次数也逐渐增加，所以可食用一些发乳的食物来增加泌乳量，如花生炖猪脚、青木瓜炖排骨等。同时注意水分的摄取，多给宝宝吸吮，泌乳量自然就会慢慢增加。有些食物像是韭菜、麦芽等本身具有退奶的功效，对于要喂哺母乳的新妈妈们应注意避免食用。

♬ 饮食要点

量不宜过多

这一周新妈妈胃口应该有明显的好转，这时候绝对不可以暴饮暴食，要记得控制食量。产后过量的饮食除了能让新妈妈在孕期体重增加的基础上进一步肥胖外，对于产后的恢复并无益处。如果新妈妈采取母乳喂养宝宝，奶水很多，食量可以比孕期稍增，最多增加1/5的量；如果新妈妈的奶量正好够宝宝吃，则与孕期等量亦可；如果没有奶水或是不准备母乳喂养，食量和非孕期差不多就可以了。

食物品种多样化

进食的品种越丰富，营养越平衡和全面。除了明确对身体无益的和吃后可能会过敏的食物外，荤素菜的品种应尽量丰富多样。

食物要做得松软

新妈妈产后由于体力透支，很多人会有牙齿松动的情况，过硬的食物一方面对牙齿不好，另外一方面也不利于消化吸收。

食物水分要多一些

这一周，新妈妈乳汁的分泌旺盛，体表的水分挥发也大于平时。因此，饮食中的水分可以多一点儿，如多喝汤、牛奶、粥等。

♬ 产后第2周一日饮食方案

餐次	时间	饮食方案
早餐	7：00—7：30	牛奶1杯，鸡肉粥
加餐	9：30—10：00	酸奶1杯，橙子1个
午餐	12：00—12：30	黄芪小米粥，冬瓜薏米瘦肉汤，香菇蒸枣
加餐	15：00—15：30	香蕉乳酪糊1碗
晚餐	18：30—19：00	四红粥，猪骨大枣枸杞汤，西米珍珠蛋
加餐	21：00—21：30	煮鸡蛋1个，酸奶1杯

最适宜的营养食材推荐

黑豆——活血利水

黑豆入肾经，具有滋肾补肾、补血明目之功能，对产后体弱的新妈妈有良好的滋补作用。

营养功效

1 黑豆中粗纤维含量高达4%，常食黑豆，可以提供食物中粗纤维，促进消化，防止便秘发生。

2 中医认为，黑豆配上红枣，有补血养血的功效，对于缺铁性贫血的新妈妈尤为适宜。

3 黑豆中蛋白质的含量是牛肉、鸡肉、猪肉的2倍多，牛奶的12倍，不仅蛋白质含量高，而且质量好。黑豆蛋白质的氨基酸组成和动物蛋白相似，其赖氨酸丰富并接近人体需要的比例，因此容易被消化吸收，非常适合产后新妈妈食用。

4 黑豆中富含的钙是人体补钙的极好来源。黑豆中富含的钾在人体内起着维持细胞内外渗透压和酸碱平衡的作用，活血利水。

5 黑豆中含有丰富的维生素E。维生素E是一种抗氧化剂，能清除体内自由基，减少皮肤皱纹，对祛除色斑也有一定功效。

食用宜忌

1 黑豆虽系营养保健佳品，但一定要熟吃。因为在生黑豆中有一种叫抗胰蛋白酶的成分，可影响蛋白质的消化吸收，引起腹泻。

2 黑豆生芽可做蔬菜，既增加维生素的含量，蛋白质和脂肪也更利于消化。

3 黑大豆炒熟后，热性大，多食者易上火，一次不宜多吃。

♪ 芝麻——富含维生素E，补血养颜

芝麻是一种芬芳的补药，是良好的滋润补养强壮剂。

营养功效

1 芝麻中的卵磷脂，可以降低胆固醇，并且有益智健脑的功效。

2 芝麻含铁量较高，可起到养血、补血的效果。

3 芝麻中还含有非常丰富的维生素E和微量元素硒。维生素E被称为"自由基净化剂"，有显著的抗衰老作用。

食用宜忌

1 吃整粒芝麻的方式则不是很科学，因为芝麻仁外面有一层稍硬的膜，只有把它碾碎，其中的营养素才能被吸收。所以，整粒的芝麻炒熟后，最好用食品加工机搅碎或用小石磨碾碎了再吃。

2 芝麻与海带同食能美容，抗衰老。芝麻能改善血液循环，促进新陈代谢，降低胆固醇。海带则含有丰富的碘和钙，能净化血液，促进甲状腺素的合成。若两者同食，美容、抗衰老的效果则更佳。

♪ 鸡——健脾、补虚、强筋、美容

鸡肉味道鲜美，被称为食补之王。

营养功效

1 鸡肉是哺乳期妈妈滋补和吸收营养的良好来源。因为鸡肉中含有丰富的优质蛋白质，并且很容易被人体吸收利用，可以快速地帮助新妈妈增强体力，强壮身体。另一方面，鸡肉中的脂肪含量很低，可以使新妈妈避免摄入大量脂肪，增加体重。

2 鸡肉中含有大量的磷脂和维生素A，对促进宝宝的生长发育、帮助新妈妈和宝宝提高免疫力具有重要意义。

3 鸡肉可以温中益气，补精填髓，对产后乳汁不足、水肿、食欲缺乏等虚弱症状有比较好的疗效，是新妈妈滋补瘦身的上佳食物。

食用宜忌

1 烹调鲜鸡时不宜放花椒、大料等厚味的调料，这样会把鸡的鲜味驱走或掩盖住。但经过冷冻的光鸡由于事先没有被开膛，通常有一股异味，烹调时可以适当放些花椒、大料，有助于驱除鸡肉中的异味。

2 鸡屁股是鸡全身淋巴最集中的地方，也是储存病菌、病毒和致癌物的仓库，不能吃，在烹调前一定要摘除。

3 鸡的品种很多，但作为美容食品，以乌鸡为佳。

4 鸡肉与鲤鱼同食容易发生不良反应。鸡肉性甘温，鲤鱼性甘平；鸡肉可补中助阳，而鲤鱼则下气利水。性味虽然不反，但鱼肉中含有丰富的蛋白质、微量元素、酶类及各种生物活性物质，鸡肉中也含有复杂的成分，两者同煮或同炒，容易发生不良反应。

♫ 猪心——增强心肌营养，治疗产后气血不足

营养功效

1 猪心具有补虚益气的效果，能补充体力，促进血液循环，对贫血和虚冷症的新妈妈特别有效。

2 猪心具有养血补心、安神定志、行气、摄乳的作用，可用于防治产后肝郁气滞所致乳汁自出。

3 猪心含有蛋白质、脂肪、钙、磷、铁、维生素B_1、维生素B_2、维生素C以及烟酸等，这对加强心肌营养、增强心肌收缩力有很大的作用。

4 猪心有镇静、补心的作用，可用于辅助治疗气血不足所致的心悸怔忡、失眠等症。

食用宜忌

猪心通常有股异味，如果处理不好，菜肴的味道就会大打折扣。可在买回猪心后，立即在少量面粉中滚一下，放置1小时左右，然后再用清水洗净，这样烹炒出来的猪心味美纯正。或者加入牛乳浸泡一段时间，也可以很好地除去肉腥味。

🐌 山药——健脾助消化，益智安神

山药因其营养丰富，自古以来就被视为物美价廉的补虚佳品。

营养功效

1 山药有滋补脾胃、养血补肾等功效，对新妈妈产后食少体倦、乳汁不多、腰酸背痛很有帮助。

2 山药含有的黏液蛋白，有降低血糖的作用，可用于治疗糖尿病，是糖尿病患者的食疗佳品。

3 鲜山药的黏液蛋白能保持血管的弹性，防止动脉硬化过早发生，减少皮下脂肪沉积，避免新妈妈产后肥胖。

4 山药中的铜离子与结缔组织对宝宝身体发育有极大帮助。

食用宜忌

1 山药生吃比煮着吃更容易发挥所含的酶的作用。把山药切碎比切成片食用，更容易消化吸收其中的营养物质。

2 做山药泥时，将淮山先洗净再煮熟去皮，这样不麻手，而且淮山洁白如玉。

3 山药可单独煮、蒸食用，还可以与其他蔬菜、肉类一起炒、炖。

4 山药有收涩的作用，大便燥结的新妈妈不宜食用。

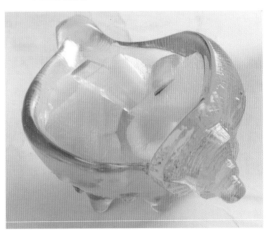

🐌 桂圆——补脾胃之气，补心血不足

桂圆营养丰富，是珍贵的滋养强化剂。

营养功效

1 桂圆含丰富的葡萄糖、蔗糖及蛋白质等，含铁量也较高，可在提高热能、补充营养的同时，促进血红蛋白再生，起到补血的作用。

2 桂圆益心脾，补气血，具有良好的滋养补益作用，可用于新妈妈心脾虚损、气血不足所致的失眠、健忘、惊悸、眩晕等症。

3 桂圆含有大量的铁、钾等元素，能促进血红蛋白的再生，可治疗新妈妈因贫血造成的心悸、心慌、失眠、健忘，起到增强记忆、消除疲劳的效果。

4 将桂圆、红枣洗净炖汤，可促进血液循环，畅通乳腺，益心气，安神美容。

食用宜忌

1 桂圆和大米一起煮粥食用，对失眠、心悸、神经衰弱、记忆力减退均有疗效，并可补充元气。

2 桂圆和鸡蛋同食可健脾，补血气，益肝肾，对于产后调养效果特别好。

3 桂圆易生内热，新妈妈虚火旺盛、风寒感冒、消化不良、内有痰火或湿滞时不宜食用。

♫ 当归——补血活血，祛淤生新

当归为伞形科多年生草本植物当归的干燥根。由于它对妇女的经、带、胎、产各种疾病都有治疗效果，所以中医称当归为"妇科之圣药"。

营养功效

1 当归能养阴养血，补气生精，安五脏。对产后身体有较好的调理作用，能促进乳汁分泌，加强子宫收缩，减轻子宫缩痛，还能预防产褥感染。

2 当归可以活血化淤，能起到消肿止痛的功效。所以，无论虚寒腹痛，或风湿关节疼痛，或跌打损伤、淤血阻滞疼痛，都可使用当归。

3 当归含有大量的挥发油、维生素、有机酸和微量元素等多种有机成分。实验研究表明，当归能扩张外周血管，降低血管阻力，增加血液循环量等，还能抑制黑色素的形成，

对黄褐斑、雀斑等色素性皮肤病有良好疗效。

食用宜忌

1 妇产科常用的由当归与熟地黄、白芍、川芎配伍而成的"四物汤"，就是妇科调经的基本方，具有益血、和血、镇痛等作用。凡月经不调、腰酸腿痛等妇女，都可以本方为基础加减运用。

2 当归配合党参、黄芪及肉类煲汤，有益气补血之功效。对产后体弱、贫血、月经不调的新妈妈有食疗益处。

3 脾虚湿盛、脘腹胀痛、大便溏薄的新妈妈不宜服用当归。

黄芪——消肿补气皆可行

营养功效

1 中医认为，黄芪性微温，味甘，归脾、肺经，有补虚弱，助脾胃，利水消肿，固表止汗之功效。

2 黄芪是补气的良药，可以缓解新妈妈产后的气虚体乏。

3 常服黄芪可以避免经常性的感冒。有些新妈妈一遇天气变化就容易感冒，中医称为"表不固"，可用黄芪来固表。

食用宜忌

1 服黄芪时不宜同时食用萝卜，因为黄芪是补气，而萝卜则通气，所以二者不宜同食。

2 有感冒发热、胸腹满闷等症的新妈妈，不宜服用黄芪。

香蕉——防抑郁、瘦身两不误

盛产于热带、亚热带地区，因它能解除忧郁而被称为"快乐水果"。

营养功效

1 香蕉含有一种特殊的氨基酸，这种氨基酸能帮助人体制造"开心激素"，减轻心理压力，解除忧郁，令人快乐开心。良好的心情对新妈妈来说很重要，不仅有助于营养物质的吸收，还有助于产后的恢复。

2 香蕉几乎含有所有的维生素和矿物质，食物纤维含量丰富，而热量却很低。因此香蕉是减肥的最佳食品，可以用于新妈妈产后瘦身，保持身材。

3 香蕉还有润肠通便、润肺止咳、清热解毒、助消化和滋补的作用，常吃香蕉还能健脑。

食用宜忌

1 香蕉与芋头二者同食会导致胃部胀满疼痛。

2 胃痛、消化不良、腹泻的新妈妈不宜多食香蕉。

3 香蕉中含有大量的钾、镁元素，肾炎患者因为肾脏的排滤功能差，吃香蕉会使血液中的钙、钾、镁比例失调，尤其是钾会加重肾病，所以肾炎患者忌食香蕉。

4 便秘的新妈妈若早晨空腹吃香蕉，可起到较好的治疗作用。

5 没有完全成熟的香蕉色泽鲜黄、表皮没有斑点，这样的香蕉吃起来不但果肉硬，而且会带有涩味，要避免食用。

燕麦黑芝麻粥

原料： 燕麦片100克，大米50克，黑芝麻30克。

调料： 白糖20克。

做法：

1 将燕麦片用水泡开。

2 将大米、黑芝麻淘洗干净。

3 煲锅加入适量清水，放入大米、黑芝麻煮成粥，出锅前放入燕麦片再煮5分钟，加入适量白糖拌匀即可。

贴心提示： 燕麦片对脂肪肝、便秘、水肿等有很好的辅助治疗作用；黑芝麻含有的铁和维生素E，有补血养颜的功效。

鸡肉粥

原料： 粳米100克，鸡胸肉50克。

调料： 精盐适量。

做法：

1 粳米洗净，浸泡30分钟；鸡胸肉氽烫后切块。

2 锅中加水，放入鸡胸肉和粳米。

3 大火煮沸后，转小火熬至粥稠肉烂，加精盐调味即可。

贴心提示： 此粥含有丰富的蛋白质，并且还含有身体所需的钙、铁、维生素等多种营养物质，对产后新妈妈身体的恢复有重要的作用。

四红粥

原料：红小豆、花生米（带红衣）、大枣各50克，枸杞子10克。

调料：红糖适量。

做法：

1 将红小豆、花生米、大枣、枸杞子洗净一起放入沙锅中。

2 加入适量清水炖烂，用红糖调味即可。

贴心提示：大枣、枸杞子具有安神养血、提高身体免疫力的功效；"花生的红衣"有补血、促进凝血的作用，对于产后新妈妈的贫血和伤口愈合很有好处；红小豆具有利水消肿、解毒排脓的功效。

黑芝麻山药丸子

原料：山药150克，鸡蛋清3个，黑芝麻50克，蜂蜜、水淀粉各适量。

调料：白糖适量。

做法：

1 山药去皮洗净，蒸熟后压成泥，用鸡蛋清、水淀粉和匀，搅拌成稠糊，加入洗净的黑芝麻搅拌均匀。

2 锅内加清水、白糖、蜂蜜烧开，将山药泥挤成丸子，下入锅内，以小火保持汤呈微沸状态。

3 待山药丸子浮起后改大火，用水淀粉勾芡，出锅即成。

贴心提示：山药具有补脾养胃、生津的功效；黑芝麻含有的铁和维生素E，有补血养颜的功效。

香蕉乳酪糊

原料： 香蕉50克，鸡蛋1个，胡萝卜25克，乳酪、牛奶各适量。

调料： 无。

做法：

1 鸡蛋煮熟，取出蛋黄，压成泥状；香蕉去皮，切成小块，用汤匙捣成泥；胡萝卜洗净去皮，放到锅里煮熟，磨成泥。

2 将蛋黄泥、香蕉泥、胡萝卜泥和乳酪混合，加入牛奶，调成稀糊，放到锅里，煮开即可。

贴心提示： 香蕉具有清热解毒、润肠通便、润肺止咳、降低血压、防治便秘和滋补的作用。香蕉中含有泛酸成分，泛酸是人体的"开心激素"，可有效地减轻心理压力，解除新妈妈失眠的症状，促进新妈妈身体的恢复。

海带炖鸡

原料： 鲜海带400克，母鸡1只，葱段、姜片各少许。

调料： 料酒、精盐各适量。

做法：

1 将母鸡宰杀干净，切成小块；鲜海带洗净，切成菱形块。

2 锅内加入适量清水，倒入鸡块，先用大火烧开，再用小火炖30分钟左右，加入葱段、鲜海带、姜片、精盐、料酒，烧至鸡肉熟烂即可出锅。

贴心提示： 鲜海带具有提高产后新妈妈免疫力的作用；鸡肉蛋白质的含量比例较高，种类多，而且消化率高，具有益气养血、补肾益精的功效。

红薯大枣煮米饭

原料：大米250克，鲜红薯150克，红枣20枚。

做法：

1 将鲜红薯去皮洗净，切成小丁备用；红枣洗净；大米淘洗干净备用。

2 锅内加适量清水，下入大米、红枣、鲜红薯丁，先用大火煮开，再用小火煮至饭熟即成。

贴心提示：这道美食具有补中和血、益气生津的功效，可以为新妈妈滋补身体。

青蒜炒鸭血

原料：鸭血300克，青蒜100克，泡辣椒25克，泡姜20克，水淀粉适量。

调料：植物油、料酒、胡椒粉、白糖、精盐、酱油、米醋各适量。

做法：

1 鸭血切厚条，用清水浸泡；青蒜洗净，切成段；泡辣椒去子剁碎；泡姜切丝。

2 净锅置火上，倒油烧热，下入泡姜丝、泡辣椒煸炒几下。

3 加入清水、鸭血、料酒、胡椒粉、酱油烧沸，调入精盐、白糖，用水淀粉勾芡，撒青蒜，淋入米醋，推匀即可。

贴心提示：这道菜不但清淡可口，还可以补气强身、滋阴益胃，适合贫血及有出血性疾病的新妈妈食用。新妈妈常吃此菜，还可以排出体内的各种毒素，补充各种有利于宝宝大脑发育的营养物质，促进宝宝大脑发育。

当归黄芪鲤鱼汤

原料：鲤鱼750克，黄芪9克，当归6克，姜片适量。

调料：植物油、精盐各适量。

做法：

1 鲤鱼去鳞、鳃、内脏，洗净。

2 锅中加植物油烧热，下入姜片爆香，放入鲤鱼稍煎，加水，加入当归、黄芪，用中火煮开，改用小火煲2小时左右，加少许精盐调味即可。

贴心提示：黄芪、当归具有补血活血、祛淤生新、消肿补气等功效；鲤鱼对各种水肿、乳汁不通皆有益。

什锦甜粥

原料：大米200克，小米100克，绿豆、花生米、大枣、核桃仁、葡萄干各30克。

调料：红糖或白糖适量。

做法：

1. 将小米、大米淘洗干净；绿豆淘洗干净，浸泡30分钟。

2. 花生米、大枣、核桃仁、葡萄干分别淘洗干净。

3. 将绿豆放入锅内，加少量水，煮至七成熟时，向锅内加入开水。

4. 下入大米、小米、花生米、大枣、核桃仁、葡萄干，搅拌均匀，开锅后改用小火至熟烂，加入红糖或白糖调味即可。

贴心提示：这道粥有健脾和中、益肾气、补虚损、补血活血等功效，是脾胃虚弱、体虚胃弱、产后虚损的新妈妈的良好康复营养食品。

黑豆大枣粥

原料：糯米60克，黑豆30克，大枣10枚。

做法：

1 大枣、黑豆洗净；糯米淘洗干净。

2 将黑豆、大枣和糯米同入锅中，加适量水，大火烧开，改小火煮成稠粥即可。

贴心提示：黑豆具有宽中健脾、润燥消水等功效，和大枣搭配可有效地调养气血，促进产后新妈妈身体的快速恢复。

黑豆鱼尾汤

原料：草鱼尾1条，黑豆50克，姜片适量。

调料：植物油、精盐各适量。

做法：

1 草鱼尾去鳞洗净，用精盐抹匀，腌20分钟。

2 炒锅烧热，放入黑豆炒至爆裂(不放植物油)，倒出锅用清水洗净，沥干水。

3 锅中倒少许植物油烧热，把腌好的草鱼尾放进去煎出香味。

4 将黑豆、草鱼尾、姜片一起放进沙锅中，加适量清水，大火烧开，小火煲2小时左右，加入精盐调味，即可出锅。

贴心提示：黑豆有活血、利水、祛风、清热解毒的功能。

猪血鱼片粥

原料：猪血、鱼肉、粳米各100克，腐竹50克，葱花、姜丝各适量。

调料：精盐、料酒、酱油、胡椒粉、香油各适量。

做法：

1 鱼肉洗净，切成薄片，放入碗中，加入料酒、酱油、姜丝拌匀。

2 将猪血洗净，撇去水中杂质，切成小方块；粳米淘洗干净；腐竹浸软，撕碎。

3 锅置火上，放入清水、粳米、腐竹，熬至粥将成时，加入猪血，煮至粥成。

4 再放入鱼片、精盐，在沸腾时撒上葱花、胡椒粉，淋入香油即可。

贴心提示：此菜营养丰富，易消化，具有补血和缓解产后便秘的功效。

归芪枣鸡汤

原料：黄芪9克，当归6克，红枣5枚，鸡腿1只。

调料：精盐、料酒各适量。

做法：

1 将鸡腿洗净，切成小块，投入沸水中滚3分钟，捞起后沥干。

2 黄芪、当归、红枣以清水快速冲净。

3 将所有材料加入6碗水熬汤，用大火煮开后再转小火煮20分钟，加入调料即可。

贴心提示：此汤具有补血、祛淤生新、消肿补气等功效，能促进新妈妈产后身体的恢复。

常见营养疑问

能像往常一样，用少许酒给肉类食物解腥吗

偶尔加一点儿酒去腥解腻是可以的，而且还有助于活血，但不能每顿都加，否则可能导致子宫收缩不良，恶露淋漓不尽，尤其是在产后第1周。

在加酒去腥时，最好是在炒至过程中温度最高时加，这样酒能随着高温蒸发，减少对身体的伤害。

红糖水补血，可以多喝点儿吗

新妈妈产后体力消耗很大，一般都感到虚弱、疲劳、胃肠功能较差，所以最初几天宜吃一些清淡而易于消化、富于营养的流体或半流体食物。又由于失血较多，新妈妈需要补充丰富的碳水化合物和铁，所以人们熟知的补养食品——红糖水、红糖水卧鸡蛋就成为新妈妈产后服用的良药、滋补佳品。

红糖还含有益母草成分，可以促进子宫收缩，排出产后宫腔内的淤血，促使子宫早日复原。新妈妈分娩后，元气大损，体质虚弱，吃些红糖有益气养血、健脾暖胃、驱散风寒、活血化淤的功效。

但是，新妈妈切不可因红糖有如此多的益处，就一味地多吃，越多越好。一般来说，红糖应食用1周左右，如果新妈妈产后无限制地食用红糖，对身体不但无益，反而有害。

1 正常情况下，血性恶露持续时间为7~10天。如果新妈妈吃红糖时间过长，例如达半个月至1个月以上时，恶露时间也会延长，新妈妈会因为出血过多而造成失血性贫血，还可影响子宫复原和身体康复。因此，新妈妈产后吃红糖的时间不宜太长，最好在10天左右。

2 食用红糖每次要适量，如果食量过多会影响食欲。同时，胃里经常有糖存在，可使胃肠道酸度增高，产生胃酸过多、肠内发酵等，使腹部不适，对胃肠道的消化吸收也有不良影响。每天大概1次1大匙红糖调水喝就可以，每天不要超过3次。

3 过多饮用红糖水，会损坏牙齿。

4 红糖性温，如果新妈妈夏季过多喝红糖水，会加速出汗，使身体更加虚弱，甚至中暑。

♫ 坐月子口渴时能否多喝水

口渴是身体缺水的自然生理提示，感觉口渴就应该适量饮水。新妈妈在坐月子期间饮水要遵循少量多次慢饮水的原则。

1 少量多次慢饮水

产后第1周新妈妈应该每次少喝点儿水，避免一次喝大量的水，以免给胃肠造成过量的负担。等到身体慢慢恢复正常，新妈妈可以每天喝6~10杯水，每杯250毫升，并注意保持少量多次慢饮水的原则。

2 通过饮食来补水

温白开水不需要经过消化就能直接被身体吸收利用，是最适合产后新妈妈喝的水。另外，用食物来改善口渴也是很好的方法，如喝小米粥。小米的营养价值很高，中医认为，小米具有清热解渴、健胃除湿、和胃安眠等功效，内热者及脾胃虚弱者更适合食用。其可以改善新妈妈失眠、胃热、反胃作呕等症状，并对产后口渴有良效。

新妈妈也可以吃苹果，因为苹果有生津止渴的功效，适量食用可以改善产后口渴症状。不过，新妈妈产后脾胃虚弱，不宜生吃苹果，最好蒸熟或煮熟了吃，也可榨汁后将其烧开饮用。

♨ 坐月子怎样吃不发胖

中国传统的坐月子方式可能使新妈妈产后肥胖，体重不降反升，最大的问题是补得太过。

虽然麻油鸡一类补品对调理新妈妈的身体有好处，但这并不表示必须餐餐都吃这类补品，每天可以选一餐吃麻油鸡，每次吃4~6小块去皮的鸡肉，而麻油用量也要控制。同一餐里还要配主食、青菜，并且多用蒸、煮、卤等低油方法烹调，减少摄取油脂。另外也建议用瘦肉或鱼替换鸡肉，尽量少吃动物内脏。

炖补中的肉品可以少吃点儿，只要喝汤就可以。另外，如果需要放米酒来促进恶露排出，量一定要控制好，一般加1杯或几汤匙就好，太多会造成热量摄取过多，500毫升米酒的热量与半碗饭不相上下。

调整进食顺序

科学合理的进餐顺序能够有效起到控制体重的作用。

按照餐前先喝一杯水，接着吃适量蛋白质类食物(肉、鱼、蛋、豆类)，接着吃脂肪类食物，再来吃蔬菜、水果，最后吃淀粉主食(米、面、马铃薯)这样的进食方法，可以帮助新妈妈减少胰岛素的分泌和防止暴饮暴食，对减重有帮助。

因为蛋白质的营养价值很高，如果蛋白质摄取不足，则人体的肌肉组织会逐渐分解消失。这对健康很不利，故蛋白质的摄入要足够。

接着是脂肪。脂肪让人有饱胀感，可以缓和饥饿的感觉，且最不会刺激胰岛素分泌，从而预防长胖。

最后吃主食类，是为了防止主食食用过量，导致胰岛素浓度上升，从而妨碍减肥。

贴心提示

吃得多，加上活动量少或根本躺着不动，新妈妈坐月子期间继续增胖的机会就大大提高。在坐月子期间充分休息是必要的，但休息不等于不动，自然产、没有产后大出血情况的新妈妈，在生产后2~3天就可以下床走动；剖宫产的新妈妈一般在产后1个月可以开始做些伸展运动。

月子里能吃海鲜吗

产后气血筋脉俱虚，不宜再受凉，因此新妈妈不宜吃冰冷的食物和寒凉的食物。海鲜大多属于凉性食品，在坐月子期间，新妈妈最好少吃，甚至不吃。

有些性质温和的海鲜，比如鱼类、虾类，哺乳期新妈妈也应少吃，每周最多1~2次，每次100克以下，而且不要吃金枪鱼、剑鱼等含汞量高的海鱼，以免对宝宝造成不良影响。

月子里可以喝红葡萄酒吗

在产后新妈妈可以适量饮用红葡萄酒，这对身体恢复是有益的。

有利于补血：新妈妈产后由于大量失血，身体虚弱，而优质的红葡萄酒中含有丰富的铁，可以起到补血的作用，使新妈妈的脸色变得红润。

有利于产后恢复：新妈妈在怀孕时体内脂肪的含量会有很大增加，产后喝一些红葡萄酒，其中的抗氧化剂可以防止脂肪的氧化堆积，对身材的恢复很有帮助。

有利于恶露排出：适量的红葡萄酒具有健脾暖胃、活血化淤的功效，有利于促进新妈妈产后子宫的收缩、恶露的排出。

防病抗癌：红葡萄酒除富含人体所需的8种氨基酸外，还有丰富的原花青素和白黎芦醇。原花青素是保卫心血管的标兵，白黎芦醇则是出色的癌细胞杀手，可以有效预防乳腺癌、胃癌等疾病，对新妈妈有很好的保健作用。

贴心提示

新妈妈每天可以喝一小杯（大约50毫升）红葡萄酒，过量饮用会造成新妈妈身体不适，不利于哺乳。另外，新妈妈最好在给宝宝哺乳后喝，这样到下次哺乳时，体内的酒精大部分已被降解，对宝宝不会有影响。

Part 4

产后第3周，催奶好时机

新妈妈身体变化

恶露

进入本周之后，大多数新妈妈的浆液恶露会逐渐变成白色恶露。恶露呈白色或黄色，比较黏稠，类似白带，但量比白带大。恶露中的浆液逐渐减少，白细胞增多，并有大量坏死蜕膜组织、表皮细胞等。偶尔恶露中还会带少量血丝，这是正常的，不必太过担忧，继续观察即可。

子宫

子宫继续收缩中，子宫的位置已经完全进入盆腔里，在外面用手已经摸不到了。不过，宫颈口还没有完全闭合，所以新妈妈仍需要注意阴部的卫生。

精神

经过两周的哺育实践，大多数新妈妈逐渐熟悉了喂养宝宝的规律，能及时调整自己的作息时间，尽量同宝宝保持步调一致，从而避免太过劳累。所以在这一周，新妈妈精神欠佳的状况会有所改善。

> **贴心提示**
>
> 从产后第3周开始，新妈妈可以舒展舒展自己的身体，适当地做一些散步或其他有助于产后恢复的轻微活动了，这样有利于筋骨的恢复。

宝宝成长发育

头部绒毛脱落。

排泄次数减少，排泄量增多。

黄疸自然消失。

宝宝的哭吵时间和次数有所增加，可能是饿了，也可能是不舒服。没有原因的情况下也会哭，新妈妈需要根据具体情况判断。

♪ 营养需求

多吃催乳食物

产后第3周宝宝长到半个月以后，胃容量增长了不少，吃奶量与时间逐渐建立起规律。新妈妈的产奶节律开始日益与宝宝的需求合拍，反而觉得奶不胀了。其实，如果宝宝尿量、体重增长都正常，两餐奶之间很安静，就说明母乳是充足的。

免不了有些新妈妈会担心母乳是否够吃，这时完全可以开始吃催奶食物了。猪蹄、鲫鱼、小母鸡、木瓜、莲藕、莴笋、黄花菜等食材都有很好的催乳作用，新妈妈乳汁不足时，可以用这些原料煮成汤或粥，不但能够下奶，还能够很好地补充营养。

饮食均衡全面

在坐月子期间，麻油鸡、炖鱼、炖肉等高蛋白质的食物是主角，但要提醒新妈妈，虽然这些食物有助于产后的恢复，但也不能忽略纤维质、矿物质、维生素等其他营养素的摄取。建议每天的主食可以吃全谷类食物4~5碗，低脂牛奶2~3杯，鱼、肉、豆、蛋类食物一天约4~5份，青菜则至少一天3份，可以尽量多吃，水果则约一天3份。

注重优质蛋白质摄取

富含蛋白质的食物主要有鱼、肉、豆、蛋、奶类等，这类食物在我们体内被消化后，会变成小分子的氨基酸。新妈妈一定要多补充一些富含优质蛋白质的食物，才能让生产时所造成的伤口迅速愈合，并尽快恢复体力。

氨基酸还有一项重要的功能，那就是可以刺激脑部分泌出一些让人心情振奋的化学物质。所以新妈妈在坐月子当中多吃些富含优质蛋白质的食物，还可以有效减少产后忧郁症的发生。

补充水分

乳汁中几乎70%都是水分，可以说没有水分就没有乳汁。新妈妈要多补充水分，各种汤、粥、自制饮料都是不错的选择。

♪ 饮食要点

改变烹调方式

只要挑不寒的温性、营养的食物，并且用水煮、蒸、卤、炖、氽烫的方式，烹调出来的菜肴的热量就会比用油炸、油煎的还要低很多，当然就能减少多余油脂的摄取啰！

三餐定时定量

为了减少脂肪的摄取量，新妈妈应该恢复三餐定时定量的饮食方法了，避免暴饮暴食，避免饮食偏差。尤其要注意的是，晚上绝对不能吃夜宵，因为人的身体在夜晚是处于休息状态，新陈代谢率低。如果超过晚上8点再吃东西，就很容易囤积脂肪，并且形成酸性体质，不但易发胖，也影响健康。

以水果代替零食

新妈妈如果有想吃零食的念头，就选一些水果来吃，比如番茄等。

专心用餐

进食同时做别的事，比如接听电话、看电视、翻阅杂志等，不但难以让自己产生食欲，而且会不专心品尝食物，身体吸收了热量，却不会产生饱的感觉。

♫ 产后第3周一日饮食方案

餐次	时间	饮食方案
早餐	7：00—7：30	橙汁1杯，三鲜豆腐
加餐	9：30—10：00	酸奶1杯，花生粥1碗
午餐	12：00—12：30	米饭，清炖鲫鱼汤，软烂猪肘，黄花熘猪腰
加餐	15：00—15：30	蛋糕1块，牛奶1杯
晚餐	18：30—19：00	米饭，黄花菜炒牛肉，滋补羊肉汤
加餐	21：00—21：30	酸奶1杯，煮鸡蛋1个

最适宜的营养食材推荐

🐟 鲫鱼——补虚通络，利水消肿

　　鲫鱼肉质细嫩、肉味甜美，含有丰富的蛋白质、脂肪、糖类、维生素A、B族维生素、钙、磷、铁等营养物质，营养价值极高。

营养功效

1 吃鲫鱼能开胃健脾、调养生津，这样不仅补充了生成乳汁的营养蛋白，而且脾健则能使乳汁分泌。因此吃鲫鱼对乳汁少、泌乳不畅的新妈妈有增加乳汁分泌的效果。

2 鲫鱼肉中富含极高的蛋白质，而且易于为人体所吸收，所以对促进宝宝智力发育具有明显的作用。

3 鲫鱼体内含有大量的磷、钙、铁等营养物质，这些物质对于强化骨质、预防贫血有一定的功效。

食用宜忌

1 将鲫鱼去鳞剖腹洗净，放入盆中，倒入一些黄酒或牛奶，腌一小会儿，既能除去鱼腥味，又能使鱼肉味道鲜美。

2 鲫鱼下锅前最好去掉咽喉部位的牙齿，否则会影响鲫鱼的味道，还会使做出来的鲫鱼有一股泥土味。

3 炸鲫鱼时，先要在鲫鱼身上抹一些干淀粉，这样既可以使鲫鱼保持完整，又可防止鲫鱼煎煳。

⚘ 猪蹄——美容、通乳双重功效

猪蹄是一种既可以通乳又具有美容作用的美味营养食品，也是新妈妈产后进补的传统食物。

营养功效

1 猪蹄中含有丰富的胶原蛋白，在烹调的过程中可以转化成明胶和水结合，增强人体细胞的生理代谢和皮肤组织细胞的储水功能，使皮肤可以长期保持湿润状态，防止过早出现褶皱，延缓皮肤的衰老过程。

2 中医认为，猪蹄具有补血行气的作用。产后多吃猪蹄，对帮助新妈妈补血通乳，预防产后乳汁过少有很好的作用。

食用宜忌

1 猪蹄中的脂肪含量比较高，每次不要吃得太多。晚餐吃得太晚或临睡前也不要吃猪蹄，以免增加血黏度，对身体不利。

2 猪蹄上的猪毛不太好去，可以先用开水把猪蹄煮到发胀，然后取出来用指钳拔毛，这样可以很轻松地除去猪毛。

⚘ 鸡蛋——提高母乳质量

营养功效

1 鸡蛋所含的营养成分全面而均衡，七大营养素几乎完全能为身体所利用。尤其是蛋黄中的胆碱被称为"记忆素"，对宝宝的大脑发育非常有益，还能使新妈妈保持良好的记忆力。

2 鸡蛋中的优质蛋白有助于提高母乳质量。

食用宜忌

1 鸡蛋含有维生素D，可促进钙的吸收；豆腐中含钙量较高，若与鸡蛋同食，不仅有利于钙的吸收，而且营养更全面。

2 新妈妈每天吃3~4个鸡蛋为宜，如果吃得过多，会增加肝肾负担，影响健康。

3 鸡蛋必须煮熟，不要生吃。鸡蛋生食易发生消化系统疾病，因为鸡蛋很容易受到沙门氏菌和其他致病微生物感染。但是，过度加热也不利于消化吸收，因为这样又会使蛋白质过度凝固变性。

4 鸡蛋中的磷很丰富，但钙相对不足，所以，将奶类与鸡蛋共同食用可营养互补。

♪ 木瓜——催乳丰胸之王

木瓜被世界卫生组织评为世界十种最佳水果之首位，中国《本草纲目》记载木瓜为"万寿果"、"百益之果"。

营养功效

1 木瓜中含量丰富的木瓜酵素和维生素A可刺激女性激素分泌，助益乳腺发育，起到丰胸的效果，而且还有催奶的效果，乳汁缺乏的新妈妈食用可增加乳汁。

2 木瓜中含有的木瓜蛋白酶，可以消化蛋白质和糖类，促进人体对食物的消化和吸收，还能分解脂肪，促进新陈代谢，有消食减肥的功效。新妈妈经常食用木瓜，可明显调理胃肠功能，并增强机体免疫力。

3 木瓜含有ETIOLNE因子，这种神奇的天然黑色素阻断因子已被德国科学家破译。它具有提高皮肤免疫能力和抗氧化的双重功效，能迅速控制多巴色素多变酶及DHICA氧化酶活性，促进衰老的皮肤细胞重现活力，减少皱纹，使粗、黑、黄、灰暗的皮肤焕发特有的光泽，变得柔嫩、细腻、白皙。

4 木瓜含有的维生素C和胡萝卜素，有很强的抗氧化能力，能帮助机体修复组织，消除有毒物质，防治病毒，从而增强人体免疫力。

食用宜忌

1 木瓜富含17种氨基酸、多种维生素和人体必需的微量元素；牛奶中富含蛋白质，二者同食可养心肺、解热毒，还能滋润皮肤，起到美容养颜的效果。

2 如果是尚未熟透的木瓜，则可以用纸包好，放在阴凉处，1~2天后食用。

3 不宜用铁铅器皿盛放木瓜。

♫ 花生——催乳养血兼美容

花生具有滋养补益的作用，有助于延年益寿，被人们称为"长生果"。

营养功效

1 花生含有丰富的蛋白质、维生素C和铁，具有良好的补血功效。

2 花生还具有扶正补虚、健脾和胃、滋养调气的功效，还可以通乳，对产后乳汁不足的新妈妈们来说，是一种不可多得的营养食物。

3 花生能增强记忆、抗老化，还可滋润皮肤，因为花生中的维生素E和一定含量的锌具有这样的功效。

食用宜忌

1 花生霉变后含有大量可以致癌的黄曲霉素，所以，发霉的花生千万不要吃。

2 花生有很多种吃法，以炖吃最佳。这样既能避免破坏花生中的招牌营养素，又有不温不火、入口酥软、容易消化的特点，很适合为新妈妈滋补身体。

3 肠炎、痢疾、消化不良等脾弱的新妈妈若食用花生，会增加腹泻，不利于身体康复。

♫ 黄花菜——催乳圣品

黄花菜味鲜质嫩、营养丰富，含有丰富的蛋白质、维生素、钙、脂肪、胡萝卜素和氨基酸等人体必需的营养成分。

营养功效

1 黄花菜性味甘凉，有止血、消炎、清热、利尿、安神等功效，对产后泌乳不佳也有一定的疗效，是产后新妈妈的补血健身佳品。

2 黄花菜有较好的健脑、抗衰老功效，是因其含有丰富的卵磷脂。这种物质是机体中许多细胞，特别是大脑细胞的组成成分，对增强和改善大脑功能有重要作用。

3 黄花菜中丰富的粗纤维能促进胃肠蠕动，可以帮助新妈妈预防产后便秘。

食用宜忌

1 新采摘的没有经过蒸煮、晒干处理的黄花菜一定不要吃，因为新鲜黄花菜中含有毒素，食用后人体会发生一些不良反应。

2 黄花菜最好在用清水或温水进行多次浸泡后再食用，这样可以去掉残留的有害物质，如二氧化硫等。

3 黄花菜不宜单独炒食，应配其他食料。

☙ 茭白——防烦渴、催乳

茭白作为蔬菜食用，口感甘美，鲜嫩爽口，在水乡泽国的江南一带，与鲜鱼、莼菜并列为江南三大名菜。茭白不仅好吃，营养丰富，而且含有碳水化合物、蛋白质、维生素B_1、维生素B_2、维生素C及多种矿物质。

营养功效

1 茭白性味甘寒，有解热毒、防烦渴、利二便和催乳功效。

2 茭白含较多的碳水化合物、蛋白质等，能补充人体所需的营养物质，具有健壮机体的作用。

3 由于茭白含有较多的草酸，其钙质不容易为人体所吸收。凡患肾脏疾病、尿路结石或尿中草酸盐类结晶较多者，不宜多食。

4 茭白不可生食，生食易引起姜片虫病。

食用宜忌

1 用茭白、猪蹄、通草(或山海螺)，同煮食用，有较好的催乳作用。

2 由于茭白性寒，新妈妈如脾胃虚寒、大便不实，则不宜多食。

☙ 莴笋——生乳伴侣

莴笋的营养含量极为丰富，含有抗氧化物、β-胡萝卜素及维生素B_1、维生素B_2、维生素B_6和维生素C、维生素E，它还含有丰富的微量元素和膳食纤维素，有钙、磷、钾、钠、镁及少量的铜、铁、锌。

营养功效

1 莴笋含钾量是含钠量的27倍，有利于体内的水电解质平衡，促进排尿和乳汁的分泌。

2 莴笋味道清新且略带苦味，可刺激消化酶分泌，增进食欲。其乳状浆液，可增强胃液、消化腺的分泌和胆汁的分泌，从而促进各消化器官的功能发挥，对消化功能减弱、消化道中酸性降低和便秘的新妈妈尤其有利。

3 莴笋含有多种维生素和矿物质，具有调节神经系统功能的作用。其所含的有机化合物中富含人体可吸收的铁元素，对有缺铁性贫血的新妈妈十分有利。

食用宜忌

1 新妈妈乳少时可食用莴笋烧猪蹄。这种食法不仅减少油腻，清香可口，而且比单用猪蹄催乳效果更佳。

2 不要用铜制器皿存放或者烹调莴笋，以免破坏莴笋中所含的抗坏血酸成分。

3 将莴笋浸泡在冰冷的水中，使其温度降至7℃~8℃，用毛巾吸去水分，再用蘸湿的纸巾包好放进冰箱，可以延长莴笋保鲜的时间。

4 莴笋分叶用和茎用两种，叶用莴笋又名生菜，茎用莴笋则称莴笋，都具有各种丰富的营养素。据分析，除铁质外，其他所有营养成分均是叶子比茎含量高，因此，食用莴笋时，最好不要将叶子弃而不食。

🎵 豌豆——生津液、通乳

豌豆是一种营养丰富的豆类。它含有丰富的碳水化合物、蛋白质、叶酸、维生素A、胡萝卜素、B族维生素、维生素C、维生素E和钙、磷、钾、钠、碘、镁、锌、硒、铜、锰等营养物质。

营养功效

1 豌豆具有和中下气、生津止渴、利小便、通乳汁的保健功效，是哺乳期新妈妈通乳补益的良好食物。青豌豆煮熟淡食或用豌豆苗捣烂榨汁服用，皆可通乳。

2 豌豆中所含的优质蛋白质，可以提高人体的抗病能力，保护新妈妈的健康。

3 豌豆中所含的较为丰富的膳食纤维，可以促进肠道蠕动，帮新妈妈保持大便通畅，还具有清肠的作用。

食用宜忌

1 豌豆粒多食会发生腹胀，所以不宜长期大量食用。炒熟的干豌豆不易被消化，吃得过多容易引起消化不良和腹胀，尤其要少吃。

2 豌豆和富含氨基酸的食物一起烹调，可以明显提高豌豆的营养价值。

3 豌豆可做主食，可以磨成豌豆粉制作糕点、豆馅、粉丝、凉粉、面条。豌豆的嫩荚和嫩豆粒可以炒菜，也可以制作罐头。

♫ 豆腐——益气和中、生乳解毒

豆腐营养价值和药用价值都很高，是食药兼备的佳品。

营养功效

1 常吃豆腐可增加免疫力，促进机体代谢，补养气血，生津去燥。对于产后新妈妈身体康复极为有利，对于剖宫产的新妈妈既可补充营养，又因其清热解毒之功效而可预防感染。

2 豆腐味甘性凉，入脾胃大肠经，具有益气和中、生乳解毒的功效。

3 豆腐中含量丰富的大豆卵磷脂有益于神经、血管、大脑的发育生长，有健脑的功效。

食用宜忌

1 豆腐制品如豆腐干、油豆腐、豆腐皮中的蛋白质含量更高于豆腐，且都是减肥的最佳食品。

2 经常吃豆腐，应该适当增加碘的摄入量。海带含碘丰富，将豆腐与海带一起做着吃，便可两全其美。

3 豆腐虽含钙丰富，但若单食豆腐，人体对钙的吸收利用率颇低。若将豆腐与含维生素D高的食物同煮，却可使人体对钙的吸收率提高20多倍，如鱼头烧豆腐，不仅清淡鲜美，而且营养丰富。

♫ 虾——促进泌乳，提高乳汁质量

虾是海八珍之一，有着特殊的鲜味。在节肢动物中，虾和蟹是著名的美味。

营养功效

1 虾的通乳作用较强，并且富含磷、钙，对产后新妈妈尤有补益功效。

2 虾皮和虾米中含有丰富的矿物质钙、磷、铁，其中，钙是人体骨骼的主要组成成分，只要每天能吃50克虾皮，就可以满足人体对钙质的需要。新妈妈常食虾皮，可预防自身因缺钙所致的骨质疏松症。

3 虾中含有丰富的镁，经常食用可以补充镁的不足。

宜吃虾。

2 尽量不要吃虾头，因为金属类物质易累积在海产品的头部。

3 饭菜里放一些虾皮，对提高食欲和增强体质都很有好处。

食用宜忌

1 有过敏性疾病的新妈妈，如过敏性鼻炎、支气管炎、反复发作性过敏性皮炎等，不

🍃 莲藕——缓解食欲缺乏，补益气血

　　莲藕微甜而脆，可生食也可做菜，而且药用价值相当高，它的根根叶叶、花须果实，无不为宝，都可入药。

营养功效

1 生食莲藕能凉血散淤，熟食能补心益肾，具有滋阴养血的功效，可以补五脏之虚，强壮筋骨，补血养血。

2 莲藕的含铁量较高，含糖量不高，又含有大量的维生素C和食物纤维。还含有丰富的维生素K，具有收缩血管和止血的作用。这些营养成分对于新妈妈十分有益。

3 食用莲藕有镇静的作用，可抑制神经兴奋，还可强化血管弹性。对于产后焦躁的新妈妈，常吃莲藕，可安定身心。

4 莲藕中含有黏液蛋白和膳食纤维，能与人体内胆酸盐、食物中的胆固醇及甘油三酯结合，使其从粪便中排出，从而减少脂类的吸收。

5 莲藕散发出一种独特的清香，还含有鞣质，有一定健脾止泻的作用，能增进食欲，促进消化，开胃健中，有益于胃纳不佳、食欲缺乏者恢复健康。

食用宜忌

1 莲藕属性偏凉，所以不宜过早食用，最好产后2周再吃。

2 莲藕生吃清脆爽口，碍脾胃，脾胃消化功能低下、大便溏泻的新妈妈最好不要生吃。

3 莲藕分为红花莲藕与白花莲藕不同的品种，通常炖排骨莲藕汤用红花莲藕，清炒莲藕片用白花莲藕。加工鲜莲藕时不要用生铁锅，以防鲜莲藕变色。

4 炒莲藕丝时，莲藕丝通常会变黑，如果一边炒一边加些清水，炒出的莲藕丝就会洁白如玉。

♪ 新妈妈美食餐桌

清炖鲫鱼汤

原料： 鲫鱼1条（约400克），葱段、姜片、香菜段各适量。

调料： 植物油、精盐、香油、米醋、胡椒粉各适量。

做法：

1 鲫鱼宰杀干净，在两侧斜切几刀。

2 净锅上火，倒入植物油烧热，放葱段、姜片炝香，放入鲫鱼两面稍煎。

3 注入水，煲熟后调入精盐、米醋、胡椒粉，淋入香油，撒入香菜段即可。

贴心提示： 鲫鱼性平，有健脾利湿、活血通络、通乳催奶的功效。

萝卜炖羊肉

原料： 羊肉、萝卜各500克，陈皮10克，葱段、姜片各适量。

调料： 料酒、精盐、胡椒粉各适量。

做法：

1 将萝卜洗净，削去皮，切成块；羊肉洗净，切成块；陈皮洗净。

2 羊肉块、陈皮、葱段、姜片、料酒放入锅内，加适量清水，大火烧开，撇去浮沫，再放入萝卜块煮熟，加入胡椒粉、精盐调味，装碗即成。

贴心提示： 羊肉营养丰富，具有健脾益气、温补肾阳的作用，对治疗虚劳羸瘦、乳汁不下有一定功效；萝卜中的芥子油和膳食纤维可促进胃肠蠕动，有助于体内废物的排出，防治便秘。

奶汤鲫鱼

原料： 活鲫鱼500克，牛奶、高汤、葱段、姜片各适量。

调料： 植物油、料酒、精盐各适量。

做法：

1. 将活鲫鱼宰杀，去鳞、腮和内脏，洗净，在鲫鱼身两侧剖花刀。

2. 净锅上火，加少许植物油烧热，下入葱段、姜片爆香，倒入高汤烹入料酒。

3. 放入鲫鱼，烧沸后打去浮沫，调入精盐，中火煨炖20分钟，加入牛奶，烧沸即可。

贴心提示： 牛奶不但含有组成人体蛋白质的氨基酸，而且所含矿物质种类也非常丰富，如钙、磷、铁、锌、铜、锰、钼的含量都很多，可提高母乳的质量，满足新生儿生长发育的需求；鲫鱼营养丰富，可用于新妈妈产后脾胃虚弱、少食乏力、脾虚水肿、小便不利、气血虚弱、乳汁减少等症状。

黄花熘猪腰

原料： 猪腰400克，干黄花菜100克，葱、姜、蒜、水淀粉各适量。

调料： 植物油、精盐、白糖各适量。

做法：

1. 将猪腰剔去筋膜和臊腺，洗净，切成小块，剖上花刀。

2. 干黄花菜用水泡发，撕成小条备用；葱洗净切段；姜切丝；蒜切片备用。

3. 锅内加入植物油烧热，放入葱、姜、蒜爆香，再倒入猪腰，煸炒至变色。

4. 加入黄花菜、白糖、精盐，煸炒片刻，用水淀粉勾芡即可。

贴心提示： 干黄花菜具有清热利尿、养血平肝、利水通乳等功效，其中还含有丰富的卵磷脂，可以促进大脑发育；猪腰中含有丰富的蛋白质、维生素和矿物质。两者搭配食用，能够为新妈妈补充丰富的营养，还能提高母乳的质量。

莴笋拌竹笋

原料：竹笋300克，莴笋200克，姜末适量。

调料：香油、料酒、精盐、白糖各适量。

做法：

1 莴笋、竹笋去皮，洗净，切成滚刀块。

2 把莴笋、竹笋片一起放入沸水锅中焯一下，捞出沥水，装盘。

3 将精盐、姜末、料酒、白糖拌入竹笋、莴笋片中，淋上香油即可。

贴心提示：莴笋配以竹笋，可通乳、助消化、去积食、防便秘、减肥美容。

三鲜豆腐

原料：豆腐、蘑菇各250克，胡萝卜、油菜各100克，海米10克，虾米、姜、葱、水淀粉、高汤各适量。

调料：花生油、酱油、精盐各适量。

做法：

1 将海米用温水泡发，洗干净泥沙；豆腐洗净切片，投入沸水中余烫捞出，沥干水备用。

2 将蘑菇洗净，放到开水锅里焯一下，捞出来切片；胡萝卜洗净切片；油菜洗净，沥干水；葱切丝、姜切末。

3 锅内加花生油烧热，下入虾米、葱、姜、胡萝卜煸炒出香味，加入酱油、精盐、蘑菇，翻炒几下，加入高汤。

4 放入豆腐，烧开，加油菜，烧沸后用水淀粉勾芡即可。

贴心提示：这道菜可以为新妈妈补充蛋白质及钙、锌等营养素，有利于提高母乳质量。

软烂猪肘

原料：大枣500克，猪肘100克，黑木耳20克，鲜汤适量。

调料：精盐、鸡精各适量。

做法：

1 将猪肘刮去毛洗净；将洗净的猪肘放入水中煮开，除去腥味，取出。

2 取沙锅，放入猪肘，加水适量，放入大枣及浸发的黑木耳。

3 小火煨煮，待猪肘熟烂，汤汁浓稠时，加入精盐、鲜汤、鸡精即可。

贴心提示：猪肘含有丰富的钙、铁和蛋白质；黑木耳含有丰富的铁质、纤维素等。两者搭配，不但能够给新妈妈提供最全面的营养，还能补气血、固表止汗、缓解产后腰腹坠胀、通乳。

茼蒿蛋白饮

原料： 新鲜茼蒿250克，鸡蛋2个。

调料： 植物油、精盐各适量。

做法：

1 新鲜茼蒿洗净切段；鸡蛋磕开，取蛋清，打匀。

2 新鲜茼蒿加适量水煎煮，快熟时，加入鸡蛋清煮片刻，调入植物油、精盐即可。

贴心提示： 新鲜茼蒿含有粗纤维和B族维生素，粗纤维能防治新妈妈便秘；鸡蛋营养丰富，有利于提高母乳的质量，满足宝宝的营养需求。

鲜虾丝瓜汤

原料：鲜虾100克，丝瓜400克，姜丝、葱末各适量。

调料：植物油、精盐各适量。

做法：

1 将鲜虾去须及足，洗净，加少许精盐拌匀，腌10分钟；丝瓜削去外皮，洗净，切成斜片。

2 锅置火上，倒入植物油烧热，下姜丝、葱末爆香，再倒入鲜虾翻炒几下，加适量清水煮汤，待沸后，放入丝瓜片，加少许精盐，煮至虾、丝瓜熟即可。

贴心提示：鲜虾的营养价值极高，能增强人体的免疫力，对体倦、腰膝酸痛、产后乳汁少或无乳汁等病症有很好的食疗效果。

草莓酱炒鸡蛋

原料：草莓酱100克，鸡蛋2个，牛奶适量。

调料：精盐、植物油各适量。

做法：

1 将鸡蛋打入碗中，加入牛奶、精盐，用筷子搅打成糊。

2 炒锅上火，加植物油烧热，倒入蛋糊，摊成圆饼，待蛋糊将要全部凝结时，将草莓酱摊在中间，然后将两端折叠起，裹成椭圆状，翻过面，煎至两面呈金黄色即成。

贴心提示：草莓酱味甘、性凉，具有利咽生津、健脾和胃、滋养补血等功效；鸡蛋中含有丰富的人体必需氨基酸、维生素、无机盐等，能大大提高母乳的质量。

茭白炒肉丝

原料：茭白300克，肉丝100克，辣椒2个，葱丝、高汤、淀粉各适量。

调料：胡椒粉、精盐、植物油各适量。

做法：

1 茭白削去粗皮，切成片；辣椒切成段。

2 胡椒粉、高汤、淀粉调成芡汁。

3 炒锅放在中火上，下植物油烧至五成热，放入茭白片、肉丝炒一下，再加精盐炒熟，而后放入辣椒、葱丝炒匀，烹入芡汁，收汁亮油，掂匀起锅即成。

贴心提示：这道菜能防治便秘，还具有催乳的功效。

黄花杞子蒸瘦肉

原料：瘦猪肉200克，干黄花菜15克，枸杞子10克，淀粉适量。

调料：料酒、酱油、香油、精盐各适量。

做法：

1 将瘦猪肉洗净，切片；干黄花菜用水泡发后，择洗干净，与瘦猪肉、枸杞子一起剁成蓉。

2 将瘦猪肉、枸杞、黄花碎蓉放入盆内，加入料酒、酱油、淀粉、精盐搅拌到黏，摊平，入锅内隔水蒸熟，淋入香油即可。

贴心提示：这道菜生精养血、催乳，可有效增强乳汁的分泌，适用于新妈妈产后乳汁不足或无乳。

豆腐鳅鱼汤

原料： 泥鳅300克，豆腐200克，小白菜150克，葱段、姜片各适量。

调料： 精盐、植物油各适量。

做法：

1 将泥鳅放入清水内，吐净泥沙，宰杀，去腮、内脏，洗净。

2 小白菜洗净，入沸水中焯一下，捞出沥水；豆腐洗净，切4厘米见方的块。

3 净锅置火上，加入植物油烧到六成热，下入葱段、姜片爆香。

4 倒入500毫升清水烧沸，下入泥鳅、豆腐，煮25分钟，加入小白菜，调入精盐即成。

贴心提示： 豆腐营养丰富，具有益气和中、生乳解毒的功效；泥鳅肉质细嫩，营养价值很高，具有暖中益气、清利小便的功效。

木瓜烧带鱼

原料： 带鱼300克，木瓜100克，姜丝、葱花各适量。

调料： 精盐、醋、酱油、料酒各适量。

做法：

1 带鱼去头、尾、内脏，洗净，切3厘米长的段；木瓜去皮、瓤，切成长3厘米、厚2厘米的块。

2 将带鱼和木瓜一同放入锅内，加入姜丝、葱花、醋、精盐、酱油、料酒和适量清水，置大火上烧沸，改小火炖至带鱼肉熟即成。

贴心提示： 木瓜中含有大量水分、碳水化合物、蛋白质、多种维生素及多种人体必需的氨基酸，可有效补充人体的养分，增强机体的抗病能力，木瓜中的凝乳酶还具有通乳作用。

常见营养疑问

♫ 产后为什么要避免吃过多的巧克力

巧克力美味又有一定营养，许多女性都挡不住它的诱惑。但是新妈妈不能多吃巧克力，多吃巧克力不仅影响新妈妈的身体康复，还会影响宝宝的生长发育。

1 巧克力含有可可碱，会渗入母乳并在宝宝体内蓄积，能损伤神经系统和心脏，并使宝宝肌肉松弛，排尿量增加。这些都会使宝宝消化不良，睡眠不稳，哭闹不停。

2 新妈妈如果经常吃巧克力，还会影响食欲，导致必需的营养素缺乏。过多的热量还会使身体发胖，这会影响新妈妈的身体健康，也不利于宝宝的生长发育。

♫ 月子吃鸡蛋好，一天多吃几个可以吗

鸡蛋是完美的孕产期食品，但并不是多多益善，新妈妈每天吃3~4个即可。如果每天吃太多的鸡蛋，或基本依赖于鸡蛋提供营养，非但不会对身体有利，反而会有害。

1 不利于消化
新妈妈在分娩过程中因体力消耗大，消化能力随之下降，鸡蛋中含有大量胆固醇，吃鸡蛋过多，会使胆固醇的摄入量大大增加，增加新妈妈胃肠的负担，不利于消化吸收。其蛋白质分解代谢产物会增加肝脏的负担，在体内代谢后所产生的大量含氮废物，还都

要通过肾脏排出体外，又会直接加重肾脏的负担。

2 蛋白质中毒综合征
食入过多蛋白质，会在肠道中异常分解，产生大量的氨、吲哚等。这些化学物质对人体的毒害很大，容易出现腹部胀闷、头晕目眩、四肢乏力、昏迷等症状。现代医学把这些症

状称为"蛋白质中毒综合征"。

3 导致营养不均衡

鸡蛋虽然营养丰富，但毕竟没有包括所有的营养素，不能取代其他食物。新妈妈吃鸡蛋过多会导致其他食物摄入减少，会造成体内营养素的不平衡，从而影响健康。

新妈妈补身体，不要一味地依靠鸡蛋，要适量吃些肉、鱼、禽、虾、豆制品和蔬菜、水果等，以利尽快恢复健康。

贴心提示

鸡蛋不要与糖同煮，会形成不易代谢的物质影响健康；茶叶蛋最好少吃，茶叶和鸡蛋同吃会刺激胃肠；鸡蛋煮熟后不要立刻用凉水浸泡，凉水中的细菌容易进入鸡蛋中。

鸡汤催乳，公鸡母鸡有区别吗

对月子里的新妈妈来说，母鸡吃多了对哺乳不利，吃公鸡更有利于催乳。

新妈妈分娩后，血液中雌激素和孕激素水平大大降低，这时泌乳素才能发挥泌乳的作用，促进乳汁的形成。母鸡中含有一定量的雌激素，因此，产后立即吃母鸡就会使新妈妈血中雌激素的含量增加，抑制催乳素的效能，以致不能发挥作用，从而导致新妈妈乳汁不足，甚至回奶。而公鸡体内所含的少量雄激素有对抗雌激素的作用，会促使乳汁分泌，这对宝宝的身体健康起着潜在的促进作用。

而且从营养上来说，公鸡中的营养成分要比母鸡高得多。公鸡的肉里含蛋白质较母鸡多，而且公鸡肉含弹性结缔组织比较少，做熟后，鸡肉很容易分离开，变得细嫩、松软，营养更有利于人体消化吸收，非常适合新妈妈食用。

贴心提示

在新妈妈分娩10天以后，在乳汁比较充足的情况下，可适当吃些母鸡。公鸡与母鸡搭配食用，对增加新妈妈营养、增强体质是有好处的。

平时喜欢喝茶，产后能喝吗

茶对开发智慧、预防衰老、提高免疫功能、改善肠道菌群结构、消臭、解毒方面都有功效，但新妈妈不宜喝茶，原因是：

1 产后如果喝下大量的茶，则茶中含有高浓度的鞣酸会被黏膜吸收，进而影响乳腺的血液循环，会抑制乳汁的分泌，造成奶水分泌不足。

2 茶叶中含有咖啡因，饮茶后，使人精神振奋，不易入睡，影响新妈妈的休息和体力恢复。同时茶内的咖啡因还可通过乳汁进入宝宝体内，容易使宝宝发生肠痉挛和忽然无故啼哭现象。

3 茶叶含有较多铁质，但同时也存在大量鞣酸，它们会结合成难溶性物质，阻碍肠道对铁质的吸收。如果孕期已存在不同程度的贫血，产后又得不到铁的补充，会使病情加重。

♬ 吃盐回奶，所以月子菜不能放盐吗

月子里饮食不可禁盐。食物中适当放一些盐，一来可增加饭菜的滋味，二来也可避免出汗过多造成身体脱水，适当的盐对身体恢复及乳汁分泌都有好处。

产后要控制盐分，并不是说完全禁止用盐。如果饮食中缺少盐，会对新妈妈和新生儿有不利影响。

1 影响新妈妈食欲。新妈妈在产后恢复期，常有食欲不佳的现象，如果再餐餐供应淡而无味的膳食，将阻碍其营养素的摄取。

2 影响乳汁分泌。新妈妈在分娩头几天里身体要出很多汗，乳腺分泌也很旺盛，体内容易缺水、缺盐，从而影响乳汁分泌。在食物中应该适量放一些盐，可以避免月子里出汗过多造成身体脱水，影响乳汁分泌。

3 不利于机体平衡。产后新妈妈多会大量流汗，若不补充盐分或体内盐分过低，则会影响体内钾、钠离子之平衡，出现低血压、眩晕、恶心、四肢无力、体力匮乏、食欲缺乏等状况。不但妨碍产后恢复状况，如是亲自哺乳，对宝宝的成长发育也不利。

┌─ 贴心提示 ─

产后前3天，新妈妈每天摄入与常人等量的盐，即5~6克，这有利于补充之前急速失去的盐分；3天后，每天摄入3~4克即可。过量的盐分会使新妈妈体内产生水钠潴留，加重肾脏负担，引起水肿。

坐月子怎么吃

Part ⑤

产后第4~6周，恢复体力

产后第4周

恶露

大多数新妈妈的恶露此时已经排干净，开始出现正常的阴道分泌物——正常颜色的白带。不过，恶露持续的时间与新妈妈的体质相关，也有一些新妈妈在本周仍会排出黄色、白色的恶露。一般来说，剖宫产的妈妈，恶露的结束时间相对更早。

子宫

子宫的体积、功能仍然在恢复中，只是新妈妈对此已经没有感觉。一般来说，子宫颈在本周会完全恢复至正常大小。同时，随着子宫的逐渐恢复，新的子宫内膜也在逐渐生长。如果本周新妈妈仍有出血状况，很可能是子宫恢复不良，需要咨询医生。

精神

新妈妈在哺喂宝宝、与宝宝的不断接触中，彼此间的感情越来越深厚。加上身体恢复良好，新妈妈这时候的心情愉悦、精神饱满。

产后第5周

恶露

正常情况下，新妈妈的恶露此时已经全部排出，阴道分泌物开始正常分泌。如果此

贴心提示

新妈妈除了做一些简单、轻巧的家务活以外，也可以开始做一些产后恢复的锻炼了。只是做的时候要尽量选活动幅度较小、有针对性的动作。

时新妈妈仍有恶露排出，就不太正常，需要咨询医生。

子宫

随着子宫的进一步恢复，其重量已经从分娩后的1000克左右减少为大约200克。

阴道

一般在产后1周左右，阴道就会恢复至分娩前的宽度(自然分娩的新妈妈阴道会比分娩前略宽)，但直到分娩4周后，阴道内才会再次形成褶皱，外阴部也会恢复到原来的松紧度。骨盆底的肌肉此时也逐渐恢复，接近于孕前的状态。

排尿

此前的几周内，新妈妈由于孕期在体内滞留了大量水分，所以尿量比孕前明显增多。进入本周之后，随着身体的恢复，一般新妈妈的排尿量会逐渐恢复正常水平。

产后第6周

子宫

产后第6周，宫颈口已经恢复闭合到产前程度。理论上来说，本周之后新妈妈已经可以恢复性生活了。

月经

有些不进行母乳喂养的新妈妈，可能在本周已经恢复月经。母乳喂养的新妈妈一般月经恢复要较迟一些。研究资料显示，40%进行人工喂养的新妈妈在产后6周恢复排卵，而大多数母乳喂养的新妈妈则通常要到产后18周左右才完全恢复排卵机能，有些甚至到产后1年左右才恢复月经。

妊娠纹

有妊娠纹的新妈妈会发现妊娠纹颜色逐渐变淡了，因为怀孕造成的腹壁松弛状况也逐渐改善。最终，妊娠纹会淡至银白色，不仔细看都不会发现，而新妈妈的腹壁肌肉也会完全恢复紧致。

贴心提示

在产后第6周，也就是第42天左右，新妈妈通常需要先去产科进行产后检查，特别是对生殖系统进行较为细致的检查。如果检查后医生认为生殖器官复原良好，同时新妈妈也认为自己心里准备好了，这时再开始性生活也不迟。

在进行性生活时，夫妻双方动作一定要轻柔，频率不要太高，每周最多1~2次，时间也不宜太长，以20~30分钟为宜。

♫ 宝宝成长发育

宝宝第4周

开始有规律地吃奶。

喜欢并且需要吸吮，不要限制他。

体重有所增加。

趴着可以把头抬起来一小会儿，还可以左右转动。新妈妈可以将脸正对着宝宝，逗引他抬头看。

宝宝第5周

体重开始增加。

能够兴致勃勃地抓东西，积极地做下意识的动作。

会"咯咯"、"咕咕"、"嘎嘎"、"哼哼"地表达自己的感情，有时还会尖叫。

能够区分昼夜。

宝宝第6周

宝宝开始会笑。

6周~6个月之间，宝宝夜里开始睡得长一点儿(大概4~6个小时)。

宝宝调节自身体温的能力还不强，身体热量的一部分是通过手和脚散发出去的，天凉时要盖好宝宝的手、脚。

☙ 营养需求

吃温补性的食物

到产后第4周，新妈妈就要着重开始进行体力的恢复了。如果是在冬天新妈妈们可以吃一些温补性的食物，如羊肉。还有一个就是鱼汤，鱼汤能很好地补充能量以及帮助催乳。

减少油脂并摄取足够的蛋白质

到第4周，新妈妈应减少油脂的摄取以利恢复产后的身材。像是麻油鸡汤不全部喝完或是将浮油捞去，鸡肉去皮后食用，或是改用以汤取代部分的麻油鸡来供应等方式，不但可以摄取到足够量的蛋白质，也可以明显地减少脂肪的摄取。

适量摄取纤维质

纤维质可以增加人体粪便的体积，促进排便的顺畅。在怀孕末期因为胎儿的长大会压迫到新妈妈的下腔静脉血管，使得血液循环受阻，所以多数新妈妈会伴随着有痔疮的发生，造成排便困难。所以纤维质的摄取对怀孕新妈妈而言是很重要的。但是要注意的是，新妈妈在生产过后，身体需要的是大量的营养素来帮助身体器官的修复，如果此时摄取过量的纤维质，反而会干扰到许多其他营养素的吸收，因此对产后新妈妈而言，纤维质的摄取量适量即可。

保证水的摄取

母乳喂养会使新妈妈每天流失约1000毫升的水分。如果新妈妈体内的水分不足，会使母乳量减少。另外，水喝得是否足够，是决定塑身成绩的关键。因为人体所有的生化反应都必须溶解在水中才能进行，废物的排出也必须透过水溶液才能有效排出。所以新妈妈要保证水分的摄取，最好每天喝水不要少于3000毫升。

加强B族维生素的摄取

五谷类和鱼、肉、豆、蛋、奶类含有较丰富的B族维生素，可以帮助身体的能量代谢，也具有帮助神经系统作用和加强血液循环的功效，在对于产后器官功能恢复上是很有帮助的。

坐月子怎么吃

♠ 饮食重点

产后忌大补

　　准妈妈在妊娠期间，体内已积聚了2~3千克的脂肪，这就是为产后哺乳劳累所准备的。也不是吃得越多分泌的乳汁就越多，乳汁的分泌关键在于宝宝吸吮，吸吮越早，次数越多且有力，则分泌的乳汁也越多。至于乳汁的成分，只要能保证一定的营养，受膳食的影响并不大。所以新妈妈产后不大补，这是保证分娩后正常体形的重要措施。

♠ 产后第4~6周一日饮食方案

餐次	时间	饮食方案
早餐	7：00—72：30	菊花小米粥1碗，牛奶1杯
加餐	9：30—10：00	八宝莲子粥1碗，香瓜1瓣
午餐	12：00—12：30	米饭，炒腰花，鲴鱼木耳汤，白云藕片
加餐	15：00—15：30	蛋糕1块，西瓜汁1杯
晚餐	18：30—19：00	米饭，蔬菜沙拉，冬瓜红豆汤，蕨菜烧海参
加餐	21：00—21：30	芹菜叶饼2块，猕猴桃汁1杯

最适宜的营养食材推荐

◇ 猪腰——健肾补腰，促进新陈代谢

　　猪腰含有丰富的蛋白质、脂肪、B族维生素、维生素C、钙、磷、铁等营养物质，是新妈妈在月子期间必吃的滋补品之一。

营养功效

　　猪腰具有养阴、健腰、补肾、理气的功效，可以促进新妈妈的新陈代谢，促进子宫和盆腔的收缩。适当地吃一些麻油猪腰、炒腰花等菜肴，不但可以促使子宫早日复原，还具有治疗腰酸背痛的功效。

食用宜忌

1 在清洗猪腰时，可以看到白色的纤维膜内有一个浅褐色的腺体，那就是猪的肾上腺，它富含皮质激素和髓质激素，如果误食会使新妈妈体内的血钠增高，心跳加快。因此，吃猪腰时一定要将肾上腺割干净。

2 按1000克猪腰用100克烧酒的比例，将猪腰用少量烧酒拌和、捏挤后，用水漂洗两三遍，再用开水烫一遍，即可去除猪腰的臭味。

◇ 韭菜——催乳、活血补气

　　韭菜含有丰富的蛋白质、糖类、维生素A、维生素C、胡萝卜素、钙、磷等营养物质，营养价值很高。

营养功效

1 韭菜中含有具有挥发性的硫化丙烯，具有一股独特的辛辣味，可以刺激食欲、增强人的消化功能，散淤活血，行气导滞，促进乳汁分泌。产后乳汁不足和体质偏寒的新妈妈在哺乳期内适当地吃些韭菜，能够起到很好的补益作用。

2 韭菜中大量的维生素和粗纤维，能够增强胃肠的蠕动，预防和治疗便秘。

3 中医认为，韭菜味甘辛，性温，入胃、肝、肾经，具有温中行气、散淤活血、补肝肾、暖腰膝的作用，最适合保养人体的气。

食用宜忌

1 韭菜性温，容易使人上火，胃虚有热、下部有火和消化不良的新妈妈最好不要吃，以免对自己的健康不利。

2 初春时节的韭菜品质最佳，晚秋的次之，夏季的最差，有"春食则香，夏食则臭"之说。

3 韭菜与虾仁搭配，既能提供优质蛋白质，又可促进胃肠蠕动，保持大便通畅，是一种比较理想的吃法。

🦠 红豆——塑身、利水消肿

红豆是一种营养丰富、保健功效显著的杂粮。它含有丰富的蛋白质、碳水化合物、钙、磷、铁、B族维生素等营养物质，脂肪的含量却很低，不但可以为新妈妈补充充分的营养，还不会使人发胖，是哺乳期新妈妈的最佳食物之一。

营养功效

1 红豆中所含的皂角甙，具有良好的利尿作用，可以帮助新妈妈消除水肿。

2 红豆中所含的叶酸，具有催乳的功效，对产后乳汁不足的新妈妈来说具有很大的帮助。

3 红豆中还含有较多的膳食纤维，可以润肠通便，并具有帮助新妈妈降低血脂、调节血糖、解毒减肥的作用。

食用宜忌

1 用红豆煎汤或煮粥，或与乌鱼、鲤鱼或黄母鸡一起炖汤，既可以消除水肿，又可以通乳减肥，非常适合哺乳期的新妈妈。

2 红豆宜与其他谷类食品混合食用。

3 将红豆制成豆沙包、豆饭或豆粥，是最科学的食用方法。

芹菜——开食欲，降血压

芹菜含有蛋白质、脂肪、碳水化合物、纤维素、维生素、矿物质等营养成分，其中维生素含量较多，钙、磷、铁等矿物质的含量更是高于一般绿色蔬菜。

营养功效

1 芹菜含铁量较高，能帮助新妈妈补血，能避免新妈妈皮肤苍白、干燥、面色无华，而且可使目光有神，头发黑亮。

2 芹菜有镇定神经的作用，对于神经紧张而无法入眠的新妈妈，可常吃芹菜来改善。

3 芹菜含粗纤维较多，可以增大大便量，对于便秘的新妈妈，有利于改变便秘的状态。

4 芹菜性凉，可以清热解毒、祛病强身。芹菜含有利尿成分，可以消除人体内的水钠潴留，有助于消除水肿。

5 哺乳期间常吃芹菜，对新妈妈及时吸收、补充自身所需营养，维持正常的生理机能，增强抵抗力都大有益处。

6 芹菜中还含有具有特殊香味的挥发油，可以帮助新妈妈增进食欲，促进消化，对新妈妈吸收营养大有好处。

2 芹菜与核桃同食可润发、明目、养血，使人体获得更全面的营养。芹菜富含纤维素和维生素，核桃富含植物蛋白和油脂，二者的营养成分可以相互补充，使人体获得更全面的营养。

3 炒制前，将芹菜放入沸水中焯烫后要马上过凉，除了可以使成菜颜色翠绿，还可以减少炒菜的时间，减少油脂对芹菜的"侵害"程度。

食用宜忌

1 大多数地区主要食用芹菜叶柄，实际上叶片中所含的营养物质比叶柄要高得多。

♪ 香菇——健脑益智，提高抵抗力

香菇，又名香蕈、香菌。清脆芳香、肉质肥嫩、鲜美可口，具有很高的营养价值和药用价值，为食用菌中的佼佼者，享有"菌中皇后"的美称。

营养功效

1 香菇除了具有抗病毒活性的双链核糖核酸类以外，还有一种多糖类，它们是由7个分子以上的醛糖、酮糖通过糖苷键综合而成的多聚物。试验证明多糖类虽不直接杀伤病毒，但能通过增强免疫力来提高机体对病毒的抗击力，具有明显的抗肿瘤活性和调节机体免疫功能等生物作用。

2 香菇含有丰富的精氨酸和赖氨酸，常吃香菇，可健脑益智。

食用宜忌

1 香菇的食用方法很多，可以单独食用，也可与鸡鸭鱼肉相配；可以通过炒、烧的方法烹调出美味的菜肴，也可通过煮、炖的方法做成鲜美可口的汤吃。其中最适合孕产妇的食用方法就是煲汤，不仅不会刺激胃肠道，还有利于营养物质的消化吸收。

2 香菇与豆腐一起烹调，有利于脾胃虚弱、食欲缺乏的新妈妈更好地吸收营养。

3 浸泡香菇不宜用冷水，因为香菇含有核酸分解酶，只有用80℃的热水浸泡时，这种酶才能催化香菇中的核糖核酸，分解出具有香菇独特鲜味的5-鸟苷酸。

4 洗香菇时，用几根筷子或手在水中朝一个方向旋搅，这时香菇表面及菌褶部的泥沙会随着旋搅而落下来，反复旋搅几次，就能彻底把泥沙洗净。不要用手抓洗，这样虽然表面洗净了，但菌褶里的泥沙并没有洗净，这样在食用时会感到牙碜。另外，如果反复抓洗，不仅会使营养受到破坏，而且还容易损坏外观。

♫ 牛奶——安眠、补钙、增强体质

牛奶几乎含有适合人体发育所必需的全部营养素，其中含有丰富的蛋白质，消化率高达98%，是其他食物无法比拟的。

营养功效

1 牛奶中存在多种免疫球蛋白，能增加人体免疫力，经常饮用还可以预防新妈妈缺钙。

2 牛奶中的碳水化合物主要为乳糖。乳糖有调节胃酸、促进胃肠蠕动和消化腺分泌的作用，并可促进乳酸杆菌的繁殖，抑制病菌及腐败菌的生长，有利于肠道内正常菌群的活动与繁殖。

3 牛奶脂肪球颗粒小，呈高度乳化状态，易于消化吸收，而且胆固醇含量少，对新妈妈尤为适宜。

4 牛奶可以松弛神经，促进睡眠，因为它含有一种色氨酸，能起到安神助眠的效果。

食用宜忌

1 并不是所有新妈妈都适合饮用牛奶，若饮用牛奶有不良反应，可用酸奶或豆浆代替。

2 不要空腹饮用牛奶，应配合面包、蛋糕、点心等，有利于吸收。

3 不宜采用铜器加热牛奶。铜能加速对维生素C的破坏，并对牛奶中发生的化学反应具有催化作用，因而会加速营养成分的流失。

4 冲调奶粉的水温控制在40℃~50℃为宜，过高会破坏牛奶中的奶蛋白等营养物质。

5 牛奶和红茶搭配在一起喝，就是人们常说的奶茶。二者同饮，可以去油腻、助消化、提神健脑、消除疲劳。

♫ 猪血——补血、排毒

猪血素有"液态肉"之称，它的蛋白质含量略高于瘦猪肉，所含氨基酸的比例与人体中氨基酸的比例接近，极易被消化、吸收。

营养功效

1 猪血的含铁量也非常丰富，每百克中含铁最高达45毫克，比猪肝高2倍，比鸡蛋高20倍。铁是造血所必需的重要物质，机体内缺乏铁元素将会导致缺铁性贫血，所以，贫血患者常吃猪血可起到补血的功效。

2 猪血内所含的锌、铜等微量元素，具有提高机体免疫功能和抗衰老的作用。

3 猪血是人体有毒物质的"清道夫"。猪血中的蛋白质经胃酸分解后，可以产生一种特殊的物质，与进入人体的粉尘和有害金属微粒产生生化反应，使它们容易经过排泄作用被带出体外。

食用宜忌

1 猪血与海带同食会引起便秘。

2 猪血与黄豆同食可导致气滞。

3 猪血在收集的过程中非常容易被污染，因此最好是购买经过灭菌加工的盒装猪血。

🐚 菠菜——补血止血，润肠通便

菠菜营养极为丰富，它是特别适合新妈妈的蔬菜。

营养功效

1 菠菜含有丰富的叶酸。菠菜中还含有强抗氧化作用的维生素C，含量比大白菜高2倍，比白萝卜高1倍。一个人一天只需吃100克菠菜就可满足机体对维生素C的需要。维生素C可以帮助铁质在体内的吸收利用，而叶酸则具有造血功能，它们与菠菜中丰富的铁质结合在一起，最适合有缺铁性贫血症状的新妈妈食用。

2 菠菜不仅富含β-胡萝卜素和铁，也是维生素B_6、叶酸和钾的极佳来源，还富含酶，有滋阴润燥、通利肠胃、补血止血、泻火下气的功效。

3 常吃菠菜，可以帮助人体维持正常视力和上皮细胞的健康，防止夜盲、增强抵抗传染病的能力。

4 菠菜含有丰富的食物纤维，能润滑肠道，对于慢性便秘、痔疮等症有一定的治疗功效。

食用宜忌

1 菠菜含草酸较多，如果要与含钙丰富的食物(如豆腐)共烹，它会与钙结合成草酸钙，容易在体内沉积后形成结石。所以烹调菠菜前，最好先把菠菜在沸水中烫一下，减少菠菜中的草酸成分。

2 尽管菠菜含铁量很高，但其会干扰锌和钙的吸收，所以不宜单纯用它来补铁、补血。

黑木耳——补血、恢复身材

黑木耳是一种滋补健身的营养佳品，营养丰富、滋味鲜美、片大肉厚，被人誉为"素中之荤"。

营养功效

1 每百克黑木耳里含铁98毫克，比动物性食品中含铁量最高的猪肝高出约5倍，比绿叶蔬菜中含铁量最高的菠菜高出30倍。是各种食物中含铁量最高、补铁效果最好的食物。

2 黑木耳可以被当做一种减肥食品，因为黑木耳中含有丰富的纤维素和一种特殊的植物胶质，能促进胃肠的蠕动，促进肠道脂肪食物的排泄，减少食物脂肪的吸收，从而起到防止肥胖的发生和减肥的作用。

3 黑木耳具有一定的吸附能力，对人体有清涤胃肠和消化纤维素的作用。

食用宜忌

1 黑木耳与红枣同食补血。黑木耳含铁量较高，有补血作用，还有一定的抗肿瘤作用。

红枣是补血佳品，可治血虚、血小板缺少等症。二者搭配，补血效果更明显，尤其适合产后新妈妈食用。

2 泡发干黑木耳应使用温水，也可用烧开的米汤泡发，可以使黑木耳肥大松软，味道鲜美。

淡菜炒韭菜

原料：韭菜100克，淡菜15克。

调料：精盐、植物油各适量。

做法：

1 将淡菜用热水泡发，在清水内洗净；韭菜择洗干净，切成小段。

2 锅中加植物油烧热，下入淡菜翻炒至熟。加入韭菜翻炒几下，加适量精盐调味即可。

贴心提示：韭菜具有散淤活血、补肝肾、暖腰膝的作用。韭菜中大量的维生素和粗纤维，能够增强胃肠的蠕动，预防和治疗便秘。

芹菜拌干丝

原料：芹菜、豆腐干各250克，葱花适量。

调料：精盐适量。

做法：

1 芹菜洗净，切成3厘米长的段；豆腐干切细丝，分别入沸水锅焯烫。

2 焯好的芹菜和豆腐丝放大碗中，加入精盐、葱花拌匀即可。

贴心提示：芹菜含有利尿成分，可以消除人体内的水钠潴留，有助于消除水肿、祛病强身。芹菜中还含有挥发油，能增进食欲，促进消化，增强新妈妈的抵抗力。

菊花小米粥

原料：小米 100 克，大米 50 克，万京子 10 克，升麻、菊花、枸杞子各适量。

调料：白糖适量。

做法：

1 大米、小米洗净；万京子及升麻以小布袋包好；菊花过水洗净，放入另一小布袋内。

2 大米和小米加入适量水，放入小布袋及枸杞子，煮沸后改小火煮约 20 分钟。

3 将菊花袋放入煮好的粥里，再煮约 5 分钟，加盖再闷约 10 分钟后再食用。

贴心提示：此粥具有养肝、补肾、健脾和胃、润喉生津，以及调整血脂等功效，有利于新妈妈产后更快地恢复身体。

羊杂羹

原料：羊肚、羊肝、羊肾、羊心、羊肺各 80 克，陈皮 80 克，肉桂 10 克，草果 2 个，姜片、葱段各适量。

调料：胡椒粉 50 克，精盐、料酒、香油各适量。

做法：

1 全部原料洗净，将羊杂入沸水余烫，捞出，沥去血水。

2 锅置火上，放水烧热，放入羊杂，倒入料酒，放入陈皮、肉桂、草果、胡椒粉、姜片、葱段，炖煮约 40 分钟，熟后加精盐调味。

3 食用时，捞出羊杂切碎放入碗中，再浇上羊汤，滴少许香油即可。

贴心提示：此汤有补心益血、补肾壮骨、增强免疫力、恢复产后新妈妈的体力等功效。

芹菜叶饼

原料： 芹菜叶150克，鸡蛋3个，面粉50克。

调料： 植物油、精盐、鸡精各适量。

做法：

1 芹菜叶洗净切成细末；鸡蛋打入碗中。

2 将芹菜叶、面粉、精盐、鸡精以及适量的水和鸡蛋搅拌均匀。

3 起锅热油，倒入搅拌好的鸡蛋糊，煎至两面金黄后改刀装盘即可。

贴心提示： 芹菜叶营养丰富，含蛋白质、粗纤维以及各种微量元素，有健胃、利尿、净血、调经、降压、镇静等作用；鸡蛋含有丰富的蛋白质、DHA和卵磷脂等，对身体恢复大有好处。

香菇瘦肉粥

原料： 大米100克，瘦猪肉50克，水发香菇、马蹄各25克。

调料： 精盐适量。

做法：

1 水发香菇洗净，切薄片；马蹄去皮洗净，一切两半；瘦猪肉洗净，切成薄片，入沸水中焯一下。

2 将大米淘洗干净，浸泡半小时。锅内加入适量清水，放入大米、马蹄、瘦猪肉、水发香菇，置大火上烧沸，打去浮沫，改小火煮至粥成肉烂，调入适量精盐即成。

贴心提示： 水发香菇具有降低胆固醇、降血压、增强人体免疫力、补血等功效。

甜椒牛肉丝

原料： 牛肉、甜椒各200克，生抽、淀粉各15克，姜丝、高汤各适量。

调料： 植物油、精盐适量。

做法：

1 牛肉去筋洗净，切丝，加少量精盐、淀粉拌匀，腌10分钟左右；甜椒洗净切丝；生抽、高汤、淀粉放入一个干净的碗里，调成芡汁。

2 锅中倒植物油，烧至六成热，下甜椒炒至断生，盛入盘内。

3 锅中重新加植物油，烧至七成热，下入牛肉丝炒散，炒至牛肉丝断生，再放入椒丝、姜丝，炒出香味，烹入芡汁，翻炒均匀即可。

贴心提示： 牛肉含有足够的维生素B_6，可帮新妈妈增强免疫力，促进蛋白质的新陈代谢和合成；甜椒中含有丰富的维生素C，可促进身体对牛肉中的铁的吸收。

八宝莲子粥

原料: 大米100克,大枣、芡实、莲子、黑豆、核桃仁、干木耳、葡萄干各10克。

调料: 白糖适量。

做法:

1 大米、大枣、芡实、莲子、黑豆、核桃仁洗净。

2 莲子、黑豆浸泡30分钟;干木耳泡发去蒂,洗净撕成小朵。

3 把大米、大枣、芡实、莲子、黑豆、核桃仁、葡萄干放入锅里,加水大火煮沸,转小火煮30分钟。

4 加入木耳,继续煨煮至粥状,加入适量白糖即可。

贴心提示: 八宝莲子粥具有清凉消暑、健脾益胃功效,适用于食欲缺乏、消化不良、睡眠不实、心绪不宁等体质虚弱诸症,有利于新妈妈的身体快速恢复。

番茄炖牛肉

原料: 牛肉250克,番茄150克,姜、葱各适量。

调料: 酱油、料酒、精盐、植物油各适量。

做法:

1 牛肉洗净,切成小方块;番茄洗净去皮,切块;姜切末;葱切段。

2 炒锅点火倒植物油,烧至六成热,放入牛肉,翻炒至牛肉变色,加水(以没过牛肉为宜),加入酱油、姜末、料酒、葱段、精盐,旺火烧沸,下番茄,转小火炖至牛肉熟即可。

贴心提示: 牛肉中含有丰富的锌、镁、维生素B$_6$和谷氨酸盐等。锌是另外一种有助于合成蛋白质、促进肌肉生长的抗氧化剂,锌与谷氨酸盐和维生素B$_6$共同作用,能增强免疫力。镁则支持蛋白质的合成、增强肌肉力量,更重要的是可提高胰岛素合成代谢的效率,促进新妈妈身体的恢复。

炒腰花

原料: 猪腰300克,青椒、红椒、葱姜末、水淀粉各适量。

调料: 料酒、精盐、醋、白糖、酱油、植物油、鸡精各适量。

做法:

1 猪腰洗净,切成两半,切去中间的白膜和臊腺,剞十字花刀,裹上水淀粉;青椒、红椒洗净,均切片。

2 锅内倒植物油烧至五成热,将猪腰一块块下入油锅,避免粘连,待植物油九成热时,改成微火炸约2分钟,捞出控净油。

3 把酱油、料酒、醋、白糖、鸡精、精盐、葱末、姜末加适量水淀粉兑成汁。

4 另起锅倒植物油烧热,放入兑好的汁,烧至汁稠时倒入猪腰、青椒片、红椒片,翻炒两下即可。

贴心提示: 猪腰具有补肾气、利尿、止消渴之功效,可用于治疗肾虚腰痛、水肿等症状,增强新妈妈的免疫力。

韭菜虾仁炒鸡蛋

原料：虾仁干30克，韭菜50克，鸡蛋1个，淀粉适量。

调料：精盐、酱油、香油、植物油各适量。

做法：

1 虾仁干洗净入水发涨，约20分钟后捞出，沥干水分；韭菜洗干净，切小段备用。

2 鸡蛋打碎盛入碗内，搅拌均匀加入淀粉、香油调成蛋糊，把虾仁倒入拌匀备用。

3 净锅点火，倒入植物油烧热，下虾仁翻炒，蛋糊凝住虾仁后放入韭菜同炒，待韭菜炒熟，放精盐、酱油，淋香油，搅拌均匀起锅即可。

贴心提示：韭菜中含有具有挥发性的硫化丙烯，可以刺激食欲、增强人的消化功能。韭菜与虾仁搭配，既能提供优质蛋白质，又可促进胃肠蠕动，保持大便通畅，是一种比较理想的吃法。

板栗烧牛肉

原料：牛肉500克，板栗200克，姜片、葱段各适量。

调料：胡椒粉、精盐、料酒、糖色、植物油各适量。

做法：

1 牛肉洗净，入沸水锅中氽透，切成长块。

2 锅置火上，倒入植物油烧热，下板栗炸2分钟，再将牛肉块炸一下，捞起，沥去油。

3 锅中留油，入葱段、姜片炒出香味时，下牛肉、料酒、糖色、清水。

4 烧开后撇去浮沫，改用小火慢炖20分钟，下板栗烧至肉烂收汁，加精盐、胡椒粉调味即可。

贴心提示：牛肉含有丰富的蛋白质，氨基酸组成比猪肉更接近人体需要，能提高机体抗病能力，对产后调养的新妈妈在补充失血和修复组织等方面特别适宜；板栗具补肾强骨、健脾养胃、活血止血等功效，可用于肾虚骨弱、脾胃气虚等症状。

黑米炖鸡肉

原料：鸡肉300克，黑米250克，葱花、姜丝各适量。

调料：精盐适量。

做法：

1 将黑米淘洗干净，浸泡1小时。

2 将鸡肉洗净，切丝，入沸水中焯一下，捞出沥水。

3 煲锅内加入适量清水，放入黑米，旺火煮沸，下入葱花、姜丝、鸡肉丝，小火煮至粥成肉熟，加精盐调味即成。

贴心提示：多食黑米可开胃益中、健脾暖肝、明目活血，对于新妈妈产后虚弱，以及贫血、肾虚有很好的补养作用。

芦笋桂花蜜汁

原料：绿芦笋100克，清水适量。

调料：蜂蜜、桂花酱各适量。

做法：

1 将绿芦笋洗净切段，焯水过凉。

2 将绿芦笋、清水、蜂蜜、桂花酱放入榨汁机内，打成稀糊状即可。

贴心提示：这道美食具有调节机体代谢、提高身体免疫力的功效。

枸杞炖肉鸽

原料：肉鸽350克，油菜心50克，枸杞子10克，葱段、姜片各适量。

调料：精盐、料酒、香油、胡椒粉各适量。

做法：

1 肉鸽洗净，剁成4块，入沸水锅余烫后捞出，冲掉血沫；枸杞子洗净，温水泡软；油菜心洗净。

2 炒锅置旺火上，倒水，下肉鸽、枸杞子、料酒、葱段、姜片，大火烧沸，小火炖2小时，撇去浮沫，拣出葱段、姜片不要，加入油菜心、精盐、胡椒粉炖煮20分钟，盛入汤碗，淋入香油即可。

贴心提示：肉鸽有补肝肾、益气血、清热解毒、生津止渴等功效；枸杞子具有增强机体免疫力的功能，能抑制肿瘤、降血糖、降血脂、抗疲劳。

鸡蓉蒸饺

原料：面粉500克，鸡肉400克，火腿末、水发香菇末各50克，葱姜末适量。

调料：料酒、精盐、香油各适量。

做法：

1 鸡肉洗净，剁成肉蓉，放入盆中，加入火腿末、水发香菇末、料酒、精盐、葱姜末、香油拌成馅料。

2 面粉用水和成面团，切成小面剂，擀成饺子皮，包入馅料，制成饺子生坯，入笼置沸水锅上，旺火蒸熟即成。

贴心提示：鸡肉可以温中益气、补精填髓，对产后乳汁不足、水肿、食欲缺乏等虚弱症状有比较好的疗效，是新妈妈滋补瘦身的上佳食物。

蕨菜烧海参

原料：水发海参300克，鲜蕨菜200克，葱白段、鲜汤、水淀粉各适量。

调料：精盐、植物油各适量。

做法：

1. 水发海参去净腹内脏物，洗净，改刀成条，用鲜汤泡；鲜蕨菜洗净，改刀成节。
2. 炒锅内放植物油烧热，下葱白段，水发海参条煸炒几下。
3. 加鲜汤、鲜蕨菜节、精盐，烧熟入味，放水淀粉收汁，起锅即成。

贴心提示：鲜蕨菜可以止泻利尿，所含的膳食纤维能促进胃肠蠕动，能清肠排毒。常食还有补脾益气、强健机体、增强免疫力的功效。

牛奶龙眼雪蛤

原料：牛奶250毫升，龙眼肉20克，雪蛤15克。

调料：白糖适量。

做法：

1. 龙眼肉洗净，去杂质；雪蛤发好，去黑子及筋膜。
2. 将雪蛤、龙眼肉放入炖碗内，加水100毫升，置大火上烧沸，改小火炖30分钟，加入牛奶、白糖搅匀烧沸即成。

贴心提示：牛奶味甘性微寒，具有生津止渴、滋润肠道、清热通便、补虚健脾等功效；龙眼肉营养丰富，富含葡萄糖、蔗糖及蛋白质等，含铁量也较高，可在提高热能、补充营养的同时，促进血红蛋白再生以补血，促进产后新妈妈体力的恢复。

常见营养疑问

产后阴虚怎样调养

产后阴虚的新妈妈往往怕热，常感到眼睛干涩，口干咽燥，口腔溃疡，总想喝水，皮肤干燥，出汗多，经常大便干结，容易烦躁和失眠。在饮食上，新妈妈要少食羊肉、韭菜、辣椒、葵花子等性温燥烈的食物，宜食寒凉滋润的食物，比如：

绿豆：绿豆味甘性寒凉，能解暑热，除烦热，还有解毒的功效。可以熬汤、煮粥或做成绿豆糕食用。

荸荠：荸荠味甘性微寒，有清热、解渴、化痰的作用，适用于热病的心烦口渴、咽喉肿痛、口舌生疮、大便干、尿黄的新妈妈。

可以生食也可炒菜，还可以捣汁冷服，对咽喉肿痛的症状效果尤佳。

黄花菜：黄花菜味甘性凉平，有清热解毒的功效。可用于治疗牙龈肿痛、肝火、头痛头晕、鼻衄等。可以炒熟或煎汤食用。

莲藕：莲藕味甘性平寒，有清热生津、除暑热、凉血止血的作用。另外，还有润肺止咳的作用。鲜莲藕可生食或捣汁服用。

百合：百合味甘微苦性微寒，能清热又能润燥，对肺阴不足引起的干咳、少痰或低热、咽喉肿痛均有效。用鲜百合捣汁加水饮之，亦可煮食，也可用冰糖一起煮食。

为了恢复体力，一定要吃大鱼大肉吗

为了给新妈妈下奶，传统观念里总是让新妈妈吃大鱼大肉、多吃鸡蛋等。其实刚分娩过的年轻新妈妈，主食不一定要精米白面，或者大鱼大肉。大鱼大肉并不等于营养，而且有的时候会起到相反的作用。

1 天天大鱼大肉，容易吃腻，造成食欲缺乏。

2 大鱼大肉的食物，富含高蛋白、高脂肪，常吃会影响人体的胃肠消化，导致腹胀腹泻的发生。假如一次性吃得太多，还易发生急性胰腺炎。

3 人的体液的酸碱度一般都应保持在相对平衡的状态下，而多吃大鱼大肉的食品，使体液长期处于酸性环境中，人就会产生疲倦感，成天昏昏欲睡。只有多吃蔬菜、水果才能使体内酸碱平衡，从而保持充沛的精力。

4 大鱼大肉等酸性食物吃得太多，碱性食物如蔬菜、水果等吃得过少，容易造成酸性体质，使血液中酸性毒素增多，皮肤也易产生痤疮、色斑等，这是皮肤粗糙、没有光泽的主要原因之一。

月子里能用米酒代替喝水吗

有人认为，产后半个月内严禁喝水、饮料和汤，而应该以喝烧开的米酒代替，这种做法并不科学。产褥期的新妈妈可以喝水，只是需少量多次。而米酒无论煮开与否，都对月子里的新妈妈没有太多益处。

虽然米酒口味香甜，但却并非月子里的良好食物。米酒是由稻米经发酵后的产物，其主要成分为水、酒精、糖类及氨基酸等，这其中的酒精成分是一种中枢神经毒性物质，可以进入乳汁，对宝宝神经系统发育造成影响。

米酒经大火煮沸后，虽然酒精会蒸发掉，但是米酒的营养成分随之转变为以糖水为主的液体混合物，大约等同于以糖煮来的水，但是却不一定有糖中的矿物质等成分。

所以，无论米酒煮开与否，其营养成分都并非是最适合月子饮食要求的。

坐月子能吃生花生吗

月子里新妈妈身体虚弱，需要一个恢复过程，在此期间身体极易受到损伤。如果吃干硬的食物，一则不易消化，二则可能损伤牙齿，使得日后牙齿易于酸痛。

生花生属于比较坚硬的食物之一，新妈妈最好不要生吃花生，还要警惕类似的坚硬食物，比如：干炒的花生、瓜子、小核桃、松子、蚕豆、黄豆、栗子、腰果等。另外，具有较强的韧性、难以咀嚼的食物如牛肉、牛筋、牛肉干、海蜇皮、螺蛳、墨鱼等也应尽量避免食用。

由于花生具有良好的营养功效，比如：可健脾和胃、利肾祛水、理气通乳，还能增强记忆、延缓脑功能衰退、滋润皮肤，并且能防治高血压、冠心病及动脉粥样硬化，所以新妈妈不能完全不吃花生。实际上煮熟、煮软的花生是非常适合新妈妈吃的食物，可以与其他食物搭配入菜。

☾ 雌激素低，可以用食物补充吗

分娩之后，体内雌激素骤降，减少的速度明显快于妊娠期雌激素增长的速度。这一方面能促进泌乳素分泌乳汁，另一方面也可能给新妈妈带来了一些不适：产后脱发、皮肤失去光泽、牙齿变松等。

新妈妈可以在日常饮食中适当增加一些富含雌激素的食物，以此来进行适当调理，减少雌激素骤减而带来的不适。

除大豆及豆制品外，小麦、黑米、扁豆、洋葱、苹果、石榴、银杏、茴香、葵花子、亚麻子、芝麻、橙汁等食物中，植物雌激素含量也很多。

葡萄酒、花生酱等食品，也含有一定量的雌激素。多数水果、蔬菜、谷物都含有微量的植物雌激素，尽管含量不高，但在日常保健中却不能忽视，因为它们都是膳食营养素的主要来源。

贴心提示

要保持健康的体魄和美丽的容颜，除了饮食的调理不能掉以轻心，也应该从心理卫生、生活规律、维持理想体重、充足的睡眠、缓解生活压力，以及适量的运动等方面着手和注意。标本兼治，才是美丽的秘诀。

☾ 月子里能吃酱油和醋吗

很多人认为月子里不能吃酱油和醋，原因是酱油会加深伤口颜色，醋则导致回奶，其实这种说法是不科学的。

酱油中含有色素，但这种色素物质不会直接转移到皮肤中，对黑色素细胞的合成也不起作用。皮肤受伤后会不会产生疤痕，主要取决于皮肤损伤的程度和是否继发细菌感染。

醋一般用来调味，有活血散淤的功效，

适量的醋不但不会回奶，还有促进乳汁分泌的作用。在骨头、肉汤中略微放些醋，可以增进食欲，还能帮助营养物质溶解于汤中为新妈妈所吸收利用。

月子里可以食用酱油和醋来调味，但不要太多，毕竟月子饮食应该以清淡为主。过量的酱油会使得食物过咸，不利身体恢复；经常过量食醋会损害牙齿，容易留下酸痛后遗症。

Part *6*

特殊产妇的饮食调理

高血压新妈妈怎么吃

♫ 高血压新妈妈的月子饮食原则

　　高血压新妈妈在坚持药物治疗的同时，必须加强自我保健。其中，合理的饮食是高血压病预防与治疗的关键。高血压新妈妈产后坐月子的原则是：

控制热能的摄入

　　因热量摄入过多而引起的肥胖是高血压的危险因素之一，因此，控制热能摄入、保持理想体重是防治高血压的重要措施之一。高血压新妈妈首先要控制热能摄入，以使症状得到改善。

　　一般提倡高血压患者食用多糖类食物，如淀粉、标准面粉、玉米、小米、燕麦等含植物纤维较多的食物，少食葡萄糖、果糖及蔗糖等单糖或双糖，以免引起血糖升高。

限制脂肪的摄入

　　膳食中应限制动物脂肪的摄入，烹调时，多采用植物油，胆固醇限制在每日300毫克以下。可多吃一些鱼，海鱼含有不饱和脂肪酸，能使胆固醇氧化，从而降低血浆胆固醇；还可延长血小板的凝聚，抑制血栓形成，预防中风；还含有较多的亚油酸，对增加微血管的弹性、预防血管破裂、防止高血压并发症有一定作用。

适量摄入蛋白质

　　高血压患者每天蛋白质的摄入量应以每千克体重1克为宜，例如一个体重60千克的人，每日应摄入60克左右的蛋白质。

　　所摄入的蛋白质中应有一半来自植物蛋白，植物蛋白中对高血压患者相对更好的蛋白为大豆蛋白，可防止脑卒中的发生。此外，每周还应吃2~3次鱼类蛋白质，以改善血管弹性和通透性，增加尿、钠排出，从而降低血压。

　　此外，一些含酪氨酸丰富的食物，如脱脂牛奶、酸牛奶、海鱼等也有助于降血压，平时也应多摄入此类含蛋白质丰富的食物。

多吃含钾、钙、镁丰富而含钠低的食品

　　钾盐能促使胆固醇的排泄，增加血管弹性等；钙可改善心肌功能和血液循环，促使胆固醇的排泄，防止高血压病情的发展等；镁盐通过舒张血管可达到降血压作用。因此，多吃含这些矿物质而又能控制钠盐的食物，对于高血压患者是十分有好处的。

这样的食物有土豆、芋头、茄子、海带、莴笋、冬瓜、西瓜、牛奶、酸牛奶、芝麻酱、虾皮、绿色蔬菜、小米、荞麦面、豆类及豆制品等。

多吃富含B族维生素、维生素C的食物

维生素与高血压的关系不可忽视，B族维生素参与机体的各种酶促活动，维生素C参与血管壁胶原的形成。每天多吃些蔬菜、水果，特别是略带酸味的水果，有利于降低血压。

膳食宜清淡

除了要减少食盐的量外，以素菜为主也有助于高血压患者降低血压。因此，高血压患者饮食宜清淡，提倡多吃粗粮、杂粮、新鲜蔬菜、水果、豆制品、瘦肉、鱼、鸡等食物，应尽量少地摄入白糖、辛辣食物、浓茶、咖啡等。

饮食有节

高血压患者应做到一日三餐定时定量，不可过饥过饱，不要暴饮暴食。

贴心提示

高血压新妈妈月子期间应该注意，不要把面粉类食品作为主食，因为小麦面粉将增加体内的胰岛素分泌，而后者在数小时内就可使血压升高。有研究发现，血液中含胰岛素高的人患高血压的可能性是普通人的3倍。

♪ 高血压新妈妈可以哺乳吗

一般来说，如果高血压不是急性时，是可以哺乳的。研究证实，母乳喂养对高血压新妈妈还有一定的治疗作用，因为高水平的泌乳素对新妈妈是生理性的安慰剂。

高血压新妈妈母乳喂养需要注意的问题是，如何在医生的指导下进行合理用药。

由于各种抗高血压的药物都可以或多或少地通过乳腺管进入乳汁，所以，高血压新妈妈应选择在乳汁中分泌少的高血压药物。如需使用利尿剂，则最好避开哺乳期，这是因为所有的利尿剂均可减少或抑制乳汁的分泌。

如果高血压新妈妈合并心、脑血管疾病及严重的肾功能障碍，则不适宜母乳喂养，此时不应勉强。

♪ 每天早上多喝点儿水

水对于产后新妈妈非常重要，对于高血压新妈妈来说，更要注意水分的补充。特别是在早晨起床的时候，一定要多喝一点儿水，这样可以防止高血压发病，维护身体健康。

一般来说，人在夜间很少有饮水习惯。而人体新陈代谢并未停止，水分从呼吸道、皮肤、大小便等不同渠道大量散失，使体内水分减少，导致血液浓缩，影响血液循环，

使人产生头晕、眼花、心悸症状。如果高血压新妈妈饮水过少，会促使血液黏度增加，容易形成脑血栓，这种现象在上午9~10点尤为常见。

所以，高血压新妈妈每天早上起床之后一定要注意补水，时间段是早上的8~10点。清晨补充水分可以降低血液的黏稠度，有利于防止高血压的发作，维持一整天的身体健康。

良好的生活习惯和饮食习惯的养成，对高血压的治疗和护理可以起到比较好的作用。作为药物治疗的辅助，高血压新妈妈一定要敦促自己坚持。

🎵 高血压新妈妈的饮食金字塔

高血压的饮食细节要求新妈妈多留心，既需要丰富的营养，又需要适当地加以控制。以下这种"金字塔"饮食规则比较适合高血压新妈妈，可以参考它来合理进食。

金字塔饮食规则一般按照所需从多到少进行排列，在底层的食物要多吃，往上食用量就应逐层相对减少，但不能忽略不吃。

金字塔饮食内容

第一层：处于金字塔底部的主要是日常生活中的主食，比如米饭、馒头、玉米等，每天应摄入约400克。

第二层：是一些水果、蔬菜，建议每天都要摄取。

第三层：多食用畜肉类，比如鱼、虾、肉、禽、蛋类。鱼类是优质蛋白来源，且脂肪含量较低，建议高血压新妈妈多吃。

第四层：奶制品、豆制品。这两种食物可以降低脂肪和胆固醇含量，应优先选用。

第五层：金字塔的顶端，主要是脂肪、油脂类，每日摄取不要太多就可以了。

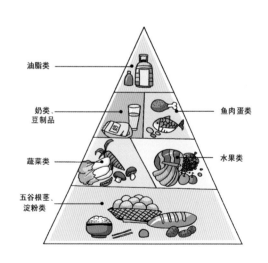

油脂类

奶类
豆制品

鱼肉蛋类

蔬菜类

水果类

五谷根茎
淀粉类

♣ 保持健康的三餐

三餐饮食的合理程度对人的健康有着直接影响，高血压新妈妈更是如此。三餐是否健康会直接关系到血压能否得到有效控制，高血压新妈妈一定要保持健康的三餐。

首先，一定不能不吃早餐，不吃早餐很容易引起病情加重。

同时，还要注意饮食安排应少量多餐，避免过饱。高血压新妈妈需要吃低热能食物，总热量宜控制在每天8.36兆焦左右，每天主食150~250克，动物性蛋白和植物性蛋白各占50%。这样的饮食搭配能有效地辅助高血压治疗。

每天的晚餐既不能不吃，更不能吃得不健康。一般情况下，高血压新妈妈的晚餐应少而清淡，如果晚餐过于油腻，可能会诱发中风，食用油最好是植物油。不吃甜食，多吃高纤维素食物。如笋、青菜、大白菜、冬瓜、番茄、茄子、豆芽、海蜇、海带、洋葱等，以及少量鱼、虾、禽肉、脱脂奶粉、蛋清等。

♣ 高血压的食疗方

1 鲜芹菜500克，洗净，捣烂绞汁服。亦可加蜂蜜50毫升调匀饮服。

2 黑木耳6克，洗净泡透，放锅内蒸1~2小时，加冰糖适量，睡前服。坚持服用有效。

3 绿豆100克，海带100克，切碎，大米150~250克，煮粥食，每天一次，15天为一个疗程。

4 鲜山楂200克，捣碎，加冰糖适量，水煎服。山楂有扩张动脉血管、改善心脏活力、降低血压和血脂的作用。

5 新鲜菠菜置沸水中烫约3分钟，以麻油拌食，日食200~400克，15天为一个疗程。

6 糖醋大蒜，每天早晨空腹吃2个，半月为一个疗程。亦可平时炒菜常吃。

7 新鲜番茄1~2个，洗净，每日早晨空腹吃。

8 胡萝卜汁每天200毫升，分次饮用。

9 鲜茭白、鲜芹菜各60克，水煎服，每日一次，半月为一个疗程。

10 海蜇头(漂去盐味)200克，萝卜丝250克，加适量食醋、白糖调匀食用，每月一次。常用有效。

11 淡菜30克，皮蛋1个，大米50克，加水煮粥，粥稠后加盐及味精少许，调匀服食。

12 鲜海带30克(干品20克)，用淡水浸泡半日，洗去咸水，切细，加粳米50克，加水煮粥，适当加油盐调味。每日早晚服食，或隔日服食一次。

13 银耳10克(或黑木耳30克)，粳米100克，大枣3枚，白糖或冰糖适量。先以水将银耳浸泡半天，粳米、大枣加水煮粥，待煮沸后，再加入银耳煮成稠粥，加白糖或冰糖调匀服食。

奶香芹菜汤

原料：芹菜150克，奶油50克，牛奶150毫升，面粉适量。

调料：精盐适量。

做法：

1 将芹菜择洗干净，切成末备用；将牛奶倒入一个干净的大碗中，加入精盐、奶油及2小匙面粉，调匀。

2 锅内加200毫升清水煮开，倒入芹菜末煮熟。

3 将调好的牛奶面糊倒入芹菜汤中，煮沸即可。

贴心提示：芹菜能兴奋中枢神经，促进胃液分泌，增进食欲。芹菜中含有的酸性成分，能够扩张血管，具有平肝降压的作用，能够有效地治疗原发性高血压和妊娠高血压。

冬笋香菇炒白菜

原料：白菜200克，干香菇5朵，冬笋半根。

调料：精盐、料酒、植物油各适量。

做法：

1 将白菜洗好，切成约1寸长的段；干香菇用温水泡开，摘去蒂切成小块；冬笋去掉外皮，洗净，切成长方薄片。

2 油锅烧热后先炒白菜，再加肉汤或水，放入香菇及冬笋，倒入料酒，盖上锅盖烧开。

3 放入精盐，改用小火焖软即成。

贴心提示：新妈妈吃这道菜有降低胆固醇、降血压的作用。秋冬季节寒冷干燥的天气对皮肤的伤害极大，白菜中含有丰富的维生素，多吃白菜，还可以起到很好的护肤和养颜效果。

糖醋银鱼豆芽

原料： 黄豆芽300克，鲜豌豆、胡萝卜各50克，银鱼20克，葱花10克。

调料： 醋、白糖、精盐、植物油各少许。

做法：

1 将银鱼洗净，投入沸水中余烫一下，捞出来沥干水。

2 将鲜豌豆煮熟，过一遍凉水，沥干水；黄豆芽洗净，胡萝卜洗净切丝。

3 将白糖、醋、精盐放入一个碗里，兑成调味汁。

4 锅内加入植物油烧热，放入葱花爆香，倒入黄豆芽、银鱼及胡萝卜丝略炒。

5 加入煮熟的豌豆，翻炒几下，倒入调味汁略炒即可。

贴心提示： 黄豆芽有清热利湿、消肿除痹、滋润肌肤的功效；银鱼是一种高蛋白、低脂肪食品，具有味甘、性平、宜肺、利水等功效。两者搭配既能够帮助新妈妈开胃，又可以帮助新妈妈补充丰富的钙和维生素A，对于辅助治疗高血压有良好的效果。

番茄猪肝菠菜面

原料： 面条200克，番茄100克，猪肝70克，菠菜50克，姜丝、葱丝、花椒各适量。

调料： 精盐、香油、植物油各适量。

做法：

1 菠菜洗净，入沸水锅焯透，投凉沥水，切段；番茄洗净切片；猪肝洗净切片，用开水余一下，捞出沥水。

2 锅置火上，倒入植物油烧热，放入花椒炒香，放入猪肝片炒散，加入葱丝、姜丝炒熟。

3 净锅倒入适量清水，加少许植物油烧开，下入面条煮至八成熟，再放番茄、菠菜、猪肝，加精盐调味，面条熟后淋入香油即可。

贴心提示： 菠菜含钾丰富，非常适宜高血压新妈妈食用；番茄中含有大量的钾及碱性矿物质，能够促进血液中钠盐的排出，对高血压有良好的辅助治疗作用。

核桃油茭白鸡蛋

原料： 茭白100克，鸡蛋2个，葱花、高汤各适量。

调料： 核桃油2小匙，精盐适量。

做法：

1 茭白去皮洗净，切成丝备用；将鸡蛋洗净，打入碗内，加少量精盐调匀备用。

2 锅中加入核桃油烧热，倒入鸡蛋液，炒出蛋花。

3 另起锅，锅中加入核桃油烧热，下入葱花爆香，放入茭白丝翻炒几下。

4 加入精盐、高汤继续翻炒，待汤汁干、茭白熟时倒入炒好的鸡蛋，翻炒均匀即可。

贴心提示： 茭白具有利尿、除烦渴、解热毒、通乳汁的功效，适宜高血压新妈妈食用；核桃油醇香味美，有利于宝宝健脑益智。

天麻鸭子

原料： 鸭子半只（约500克），天麻片6克，生地片10克。

调料： 精盐适量。

做法：

1 鸭子去内脏，洗净，剁成小块。

2 将鸭块与天麻片、生地片一起放入沙锅，加适量清水，共炖至鸭肉烂熟。

3 加入少许精盐调味即可。

贴心提示： 食肉饮汤，宜常服，可以平肝滋阴，主治以头晕、头痛、抽搐为主要症状的高血压。

乙肝新妈妈怎么吃

乙肝新妈妈的饮食原则

饮食安排是否恰当，对乙肝新妈妈月子期间的恢复具有举足轻重的作用。乙肝新妈妈的饮食原则是：

饮食宜清淡

炒菜的时候应少放油，可以注意烹调方法，增进食物的色、香、味，以达到促进食欲的目的，尽量避免吃过于油腻的食品。同时要少吃油炸食品，生冷、刺激性食品。像肉汤、鸡汤等含氮浸出物高的食品也应尽量避免，以免加重肝脏负担。

食物要富含优质蛋白质

蛋白质是维持人类生命活动最重要的营养素之一，乙肝新妈妈一旦病情好转，即应逐步增加蛋白质的摄入，并选用优质蛋白质和营养价值较高的食物，以利于肝细胞的再生和修复。这类食物有牛奶、鸡蛋、鱼、精瘦肉、豆制品等。一般而言，每天摄入蛋白质以1~1.5克/千克体重为宜。

补充微量元素

乙肝病人体内往往缺乏锌、锰、硒等微量元素，部分病人还缺乏钙、磷、铁等矿物质。因此宜补充含微量元素和矿物质的食物，如海藻、牡蛎、香菇、芝麻、大枣、枸杞子等。

食量要恰当

暴饮暴食对肝脏、胃肠功能都不利，乙肝新妈妈的消化功能往往会有所减弱，吃得过饱常常容易导致消化不良，也会加重肝脏负担。因此每次吃到八分饱是比较合适的，还可以采用少量多餐的方法来控制合适的食量。

充足的液体供给

乙肝新妈妈应适当多喝一些果汁、米汤、蜂蜜水、西瓜汁等液体饮料，以加速毒物排泄以及保证肝脏的正常代谢功能。此外，如果伴随有消化功能不良的症状时，不妨多进食一些流质或易消化的食物，如清淡的粥、豆腐类食物等。

♫ 乙肝新妈妈不宜多吃的食物

罐头食物：其中的防腐剂、食物色素等会加重肝脏代谢及解毒功能的负担。

油炸、油煎食物：属高脂肪食物，不易消化和吸收，增加肝脏负担。反复煎炸的食物油中会有致癌物质，对防止肝炎病情继续发展是不利的。

各种甜食：糖容易发酵，加重胃肠胀气，加速肝脏对脂肪的贮存，促进脂肪肝的发生。

少吃葵花子及其他坚果：葵花子中含有不饱和脂肪酸，多吃会消耗体内大量的胆碱，可使脂肪较易积聚肝脏，影响肝细胞的功能。

♫ 乙肝新妈妈怎样饮用牛奶

牛奶的营养价值很高，新鲜牛奶中含有丰富的蛋白质以及钙、镁和维生素B_1、维生素B_2、维生素C。建议乙肝新妈妈应每天喝2杯牛奶，它可补充每日所需蛋白质的1/10、每天所需维生素B_2的1/4和维生素A的1/8。

乙肝新妈妈在饮用牛奶时应注意下面几个问题：

1 不宜大量或大口饮用
牛奶中含有5%的乳糖，当体内乳糖酶不足时，过多过快地饮用牛奶，乳糖不能被消化吸收，易引起腹胀、腹泻。所以，喝牛奶时宜小口喝，待唾液与牛奶混匀后再咽下。

2 不宜加糖饮用
因为蔗糖在胃肠道内的分解产物会与牛奶中的钙质中和，不但不利于钙的吸收，反而会促使细菌发酵产气，导致腹胀。

3 不宜空腹饮用
若空腹喝牛奶，牛奶中的蛋白质只能代替碳水化合物转变为热量而被消耗，起不到蛋白质构造新组织、修复旧组织的作用。

4 这些情况下不宜饮用牛奶
牛奶在消化道症状缓解及康复期饮用为

好，乙肝急性期或慢性乙肝活动期，有恶心、呕吐、厌油和腹胀的新妈妈，不宜饮用牛奶。肝硬化伴有肝昏迷或有肝昏迷倾向的新妈妈，也不宜喝牛奶。

乙肝新妈妈能喝茶吗

茶叶含有咖啡因、茶碱、单宁酸、蛋白质、维生素、微量元素等成分，具有清热降火、消食利尿的作用。乙肝新妈妈适当饮茶有益于身心健康，但应注意适时、适量。

喝茶最好在饭前1小时，之后应暂停饮茶，以免冲淡胃酸，不利于食物的消化吸收。

不要在睡前和空腹时饮茶，这会刺激肠胃。

茶水不宜太浓，太浓会影响新妈妈睡眠，也会影响乳汁分泌。

一天茶水总量不要超过1000~1500毫升。

服用补品、滋补药期间应避免喝茶，也不宜用茶水服药，以免影响药效。

乙肝新妈妈吃水果要注意什么

乙肝新妈妈每天适当吃点儿水果有益于健康，但要注意以下几个问题：

1 要适量。吃得太多会加重胃肠负担，影响消化吸收，甚至诱发疾病。

2 要新鲜。新鲜水果含大量维生素C，可增加营养，保护肝脏；腐坏水果会产生有害物质，加重肝脏负担。

3 要选择。一般乙肝新妈妈可选择苹果、柑橘、葡萄、梨、椰子等；脾胃虚寒泄泻者宜吃龙眼、荔枝、山楂、大枣，不宜吃柿子、香蕉、甘蔗、柚、桑葚；肝硬化腹水需利尿者，宜吃柑橘、李子、梅子、椰子等；肝气郁结者宜吃金橘、橘饼等。

4 要洗净。由于水果皮上常有残遗农药、催化剂，故吃前一定要洗净；冬天吃水果最好去皮后用开水温一下。

乙肝新妈妈的美食餐桌

肉末番茄面

原料：番茄1个，猪肉50克，儿童挂面50克。

调料：精盐、香油各适量。

做法：

1 番茄洗净，氽烫后去皮，切成细末；猪肉洗净，剁碎成肉末，用香油、精盐拌好。

2 将儿童挂面下入煮过猪肉的水中，开锅后放入番茄末和肉末，续煮5分钟。

3 盛入碗中，加入香油，拌匀即可。

贴心提示：番茄富含维生素C，具有清热解毒、凉血平肝之功效，其所含苹果酸、柠檬酸等有机酸，能促使胃液分泌，有助于脂肪及蛋白质的消化，有益肝脏的正常运转。番茄生、熟食用均可，对任何一种肝病都有一定好处，可以说是所有肝病新妈妈的食疗佳品。

鸡丝木耳面

原料：鸡蛋面150克，鸡肉丝100克，木耳25克。

调料：植物油、鸡汤、料酒、精盐、葱姜汁各适量。

做法：

1 木耳用水泡发，洗净，切丝；鸡蛋面下入开水中煮熟，捞出放凉。

2 炒锅加入植物油烧热，下入鸡肉丝、木耳丝炒熟，倒入鸡蛋面，加鸡汤、料酒、精盐、葱姜汁，煮沸后盛入碗中即可。

贴心提示：木耳中较为丰富的多糖类物质可益胃养血，具有滋养作用，属于护肝蔬菜，对于加强乙肝新妈妈机体免疫功能十分有益；鸡肉能为新妈妈提供所需的优质蛋白质。

枸杞猪肝汤

原料：猪肝100克，枸杞子50克，葱段、姜片各适量。

调料：植物油、料酒、精盐、胡椒粉各适量。

做法：

1 将猪肝洗净，切条；将枸杞子洗净。

2 锅置火上，倒入植物油烧热，放入猪肝煸炒，烹入料酒，放入葱段、姜片、精盐继续煸炒，注入适量清水，放入枸杞子共煮至猪肝熟透，用精盐、胡椒粉调味，盛入汤碗即成。

贴心提示：猪肝中丰富的铁、磷是造血不可缺少的原料，具有补肝明目、养血的作用，适宜气血虚弱、面色萎黄、缺铁性贫血的肝病患者食用。猪肝中含有丰富的维生素A，对于因肝血不足所致的视物模糊不清有辅助治疗效果。

萝卜鲤鱼汤

原料：鲤鱼1条，萝卜片50克，冬瓜皮、冬瓜子各30克，葱段、生姜丝各适量。

调料：精盐、香油各适量。

做法：

1 将鲤鱼去鳞、鳃、内脏，洗净，与冬瓜皮、冬瓜子、萝卜片一起入锅。

2 加适量清水，下葱段、生姜丝、精盐。

3 大火烧开，改小火煮至汤汁浓稠，淋入香油即成。

贴心提示：鲤鱼的蛋白质含量高、质量佳，人体消化吸收率可达96%，且可满足人体对必需氨基酸、矿物质、维生素A和维生素D的需求。鲤鱼中的脂肪多为不饱和脂肪酸，能很好地降低体内胆固醇的含量，可防治脂肪肝，对于肝炎新妈妈十分适合。

紫菜蛋汤

原料：鸡蛋1个，紫菜10克，葱花少许。

调料：香油、植物油、精盐各少许。

做法：

1 紫菜洗净撕碎，放入汤碗内；鸡蛋打散。

2 炒锅置火上，放植物油烧热，下葱花炝锅，加入适量清水。

3 煮开后放精盐，淋入鸡蛋液，待蛋花浮起，放入紫菜，加精盐、香油调味即可。

贴心提示：紫菜是保护肝脏、凉血清热的极好食物，特别适合慢性肝炎新妈妈食用。

虾米莲藕

原料：莲藕200克，虾米20克，高汤、花椒各适量。

调料：醋、精盐、香油、植物油各适量。

做法：

1 莲藕洗净切薄片，再用凉水洗一下，控干水分；虾米用温水洗净。

2 起锅热油，放入花椒炝锅后捞出，再放入莲藕片、虾米煸炒。

3 加入醋、精盐、高汤，炒熟后淋上香油即可。

贴心提示：莲藕中含有黏液蛋白和膳食纤维，能与食物中的胆固醇及甘油三酯结合，使其从粪便中排出，从而减少对脂类的吸收，减轻肝脏的负担。莲藕还有一定的健脾止泻作用，能增进食欲，促进消化，且其含糖量不算很高，对于肝病等一切有虚弱之症的人都十分有益。

糖尿病新妈妈怎么吃

🌀 糖尿病新妈妈的饮食原则

　　糖尿病新妈妈的饮食量的控制特别重要，在量的问题解决之后，还要注意质的问题，即选择吃什么食物的问题。以下是糖尿病新妈妈月子期间的饮食原则。

三餐定时、定量

　　糖尿病患者每天进餐的时间、数量应保持一定的稳定性，这对糖尿病患者治疗效果的稳定具有积极意义。因为降糖药或胰岛素的使用都是与进食相辅相成的，如果三餐不定时，不仅会造成血糖忽高忽低，还会延误药物治疗的适宜时间，不利于稳定血糖。

多吃粗粮

　　荞麦面、燕麦面、玉米面以及大豆等粗杂粮，都含有较多的微量元素、维生素、膳食纤维，对改善葡萄糖耐量、降低血脂有良好的作用。

多吃含水多的蔬菜

　　含水分多的叶茎类蔬菜、瓜果等，含无机盐、维生素和膳食纤维丰富，在胃肠道消化吸收功能较好的情况下可以多用。蔬菜含热量低，尚可用来充饥。

正确吃水果

　　水果含果糖和葡萄糖，一般认为糖尿病患者可以吃，但必须限量，而且要相应减少主食量，苹果、梨、橘200~250克可折换成主食25克。水果最好在两餐之间或睡眠前吃，病情控制不好的新妈妈最好不吃。

严格限制蔗糖及甜食

　　糖尿病新妈妈要严格限制食糖、糖果、蜂蜜和甜食以及含糖饮料。这些高糖食物易被机体吸收而促使血糖升高、增加胰腺负担，从而加重病情。但如果在遵医嘱的情况下，仍然出现饥饿、头晕的情况，可征求医生建

议后酌情进食一些糖类食品。不随便吃无糖食品，所谓无糖食品实质上是未加蔗糖的食品，某些食品是用甜味剂代替蔗糖，仍然不能随便吃。

限制高淀粉、高脂肪食物

引起糖尿病新妈妈血糖急骤升高的各种饮食，应列为禁忌范围。除了糖和甜食，还应该从严限制食用白薯、马铃薯、芋艿、粉条、果酱等食品；凡是含淀粉较多的食物，均应该少吃，如红小豆、绿豆等含淀粉偏多，所以，吃红小豆、绿豆时，应该相应地减少主食用量。

动脉粥样硬化是糖尿病患者既常见又重要的并发症，因此，应该少吃含高脂肪、高胆固醇的食物。食物经高温油炸后，常破坏不饱和脂肪酸及维生素，因而亦应该少吃油炸食品。

♨ 能量不超标的巧妙吃法

糖尿病对饮食的要求很高，特别要注意对热量的控制，不暴饮暴食、不随心所欲地吃。糖尿病新妈妈可以利用一些巧妙的方法来帮助控制食物中的热量。

主食搭配粗粮

粮食碾磨得越精，营养成分及膳食纤维丢失得越多，血糖生成指数也越高。吃软、白、细的大米、白面时可搭配一定的粗杂粮，如燕麦、麦片、玉米面等。这些食物中有较多的无机盐、维生素，又富含膳食纤维，膳食纤维具有减低血糖的作用，对控制血糖有利。

控制肉类食物的总量

在选择肉类时，要选择脂肪含量较低的品种，如鱼虾类为首选，其次是去皮的鸡鸭、瘦牛羊肉、瘦猪肉等，尽量少选五花肉、肥肉、肥牛、肥羊。

动物内脏一周选择不超过两次，每次的量都不要超过50克。

减少脂肪摄入

脂肪所含热量非常高，同等数量的脂肪相当于2倍多的糖或蛋白质产生的热量。摄入脂肪过多会造成饮食热量超标，不仅可造成血糖升高，还易诱发高脂血症等并发症。

富含脂肪的主食类食物：面包、油条、油饼、麻花、方便面、蛋糕、南瓜饼等。

富含脂肪的零食类食物：薯条、薯片、饼干、坚果类、冰淇淋、咖啡伴侣等。

烹饪"懒"一点儿

在厨房要"懒"一点儿，蔬菜能不切就不切，能生吃的就生吃。尤其煮粥的时候要尽可能"凑合"，急火煮，少加水。煮粥时间越长，食物颗粒就越小，血糖生成指数就越高，对血糖影响也就越大。

植物油代替动物油

烹调时少放油，避免任何油炸或过油食品。富含饱和脂肪酸的猪油、牛油、羊油、奶油、黄油等少用，最好不用，可用植物油代替部分动物油。花生、核桃、芝麻、瓜子等油类食物中含脂肪也相当多，尽量不吃或少吃。

放慢吃饭速度

吃得越快越多，摄入的热量也越多，自然地控制食量，可以减少热量摄入。糖尿病患者可在进食时放慢速度，吃一口，多嚼一会儿，再咽下，每餐只吃七分饱，自我感觉饥饱适中即可，不要再额外地吃任何食物，尤其不要打扫剩饭，对健康不利。

餐前吃点儿含糖低的水果

糖尿病患者餐前可以吃些低糖、低热量水果，比如苹果、樱桃等，可以占据一定胃容量，帮助机体很好地避免其他高热量食物的摄入。同时，有些水果还可以帮助消化、抑制和分解脂肪，帮助糖尿病患者避免肥胖。

水煮蔬菜解饥饿

多选择如粗粮、蔬菜等食物，这不但有利于稳定血糖，而且还能使血脂下降及保持大便通畅。在控制热量期间，仍感饥饿时，可食用含糖少的蔬菜，用水煮后加一些作料拌着吃。由于蔬菜所含膳食纤维多、水分多、供热能低、具有饱腹作用，是糖尿病患者必不可少的食物。

喝饮料有讲究

含糖饮料、啤酒等含有较多的热量，而且摄入后，人并不会产生饱的感觉，很容易就一次性喝进去很多，无形中会增加很多热量，不建议经常饮用。可以选择白开水、矿泉水、各种自泡茶饮、无糖柠檬水等。豆类饮料一方面其所含蛋白质量多质好，另一方面不含胆固醇，具有降脂作用，也是很好的选择。

🎵 吃木糖醇能降低血糖吗

木糖醇含有的热量比较低，所以很多糖尿病患者认为木糖醇的低热量能成为糖的替代品，于是买一些木糖醇类的食品没有节制地吃，这样是不妥当的。

木糖醇和葡萄糖差不多，都是碳水化合物类食品。虽然含有的热量比较低，但是它在代谢后期是需要胰岛素的，而且木糖醇还有一些缺点。

一是木糖醇摄入过多会升高甘油三酯，促发冠状动脉粥样硬化。糖尿病患者本身就是冠心病的高发人群，因此不宜多吃。

二是木糖醇进入消化道，不被胃酶分解就直接进入肠道，吃多了会刺激胃肠，可能引起腹部不适、胀气、肠鸣。由于木糖醇在肠道内吸收率不到20%，容易在肠壁积累，易造成渗透性腹泻。

所以，糖尿病新妈妈不要因为木糖醇是无糖食品而不去注意对饮食总量的限制，这样很容易导致血糖波动幅度较大，影响健康。

一些添加木糖醇的无糖糕点和食品，即便没有蔗糖，也是高热量食物，吃得多了对餐后血糖影响也很大。

糖尿病新妈妈在食用木糖醇食品的时候，可以通过减少热量的摄取来保证饮食总量没发生变化，一天最多不要超过50克。

善用"食物交换份"

糖尿病新妈妈要基本掌握常用食物所含的主要营养成分，尤其是含糖量。哪些食物可以多吃，哪些食物要少吃，哪些食物是禁食，要做到心中有数。还要懂得营养价值相等食物的互换法，遵照医嘱，合理安排每日总热量、蛋白质、脂肪及碳水化合物的适当比例。

"食品交换份"是糖尿病饮食治疗的实用方法之一。通过食物交换份，糖尿病患者可以在饮食合理控制的同时，丰富饮食品种。

食品交换份将食物按照来源、性质分成四大类、八小类。同类食物在一定重量内，所含的蛋白质、脂肪、碳水化合物和能量相似，不同类食物间所提供的能量也大致相等，可以任意互换。

食物交换份的优点

1 便于了解总热能。在四大类(谷薯组、菜果组、浆乳组、油脂组)和八小类(谷薯类、蔬菜类、水果类、大豆类、奶制品、肉蛋类、硬果类、油脂类) 食品里，每份的热能值(营养值) 大致相仿，这样很容易估算摄取了多少热能。

2 易于达到平衡。只要每日的膳食包括四大类、八小类食品，即可构成平衡膳食。

3 做到食品多样化。同类食品可以任意选择，避免单调，使患者感到进餐是一种享受，而非一种负担。

4 有利于灵活掌握。患者掌握了糖尿病营养治疗的知识，即可根据病情，在原则范围内灵活运用。

具体食物的"分量"

将食物按照来源、性质分成四大类、八小类。同类食物在一定重量内，所含的蛋白质、脂肪、碳水化合物和热量相似。每份食品交换份产生热量约为90千卡(见下页表)。在总份数不变的前提下，食物种类就可以丰富起来了。

四大类	八小类	每份重量(克)	能量(千卡)
谷薯组	谷薯类	25	90
菜果组	蔬菜类	500	90
	水果类	200	
		(约1个中等大小的苹果的重量)	90
浆乳组	大豆类	25	90
	奶制品	160	90
	肉蛋类	肉类：50	
		蛋类：60 (一个中等大小的鸡蛋重量)	90
油脂组	硬果类	15	90
	油脂类	10 (约1汤匙)	90

🎧 怎样规划好每天的饮食

糖尿病饮食有各种各样的讲究，水果要适量、主食等各类营养的食量要有限制等，这使不少新妈妈感觉规划好每天的饮食有些困难，怎么办呢？

确定每天所需要摄取的食物总量

可以把各种食物分为不同类别的营养成分，如蛋白质类主要占12%~20%。这时候要注意奶制品的选择应该确保在200毫升，脂肪占20%~30%(每日食用油摄入控制在50克以内)，碳水化合物占50%~65%(每日米饭摄入量控制在350克以内)。

食物多样化是获取全面营养的必要条件，应该主食粗细搭配，副食荤素均有，并避免进食高胆固醇的动物内脏、鱼子、蛋黄等。

采取少食多餐的方式

当确定好每天的总量后，这时候可以采取少食多餐的方式了，这对保持体内血糖稳定很有益处。少量进食可避免饮食数量超过胰岛的负担而使血糖升得过高；定时多餐又可预防出现低血糖，维持血糖稳定，减少各类并发症的发生发展，进而保证健康。

糖尿病新妈妈可以把每餐的食物分为3份，然后在主餐的时候可以留出1份来加餐，这就是少食多餐中的小妙招了。

为了食用方便，可将食物整体分，如：

早餐：牛奶250毫升、煮鸡蛋1个、燕麦片50克。可先食牛奶煮燕麦片，加餐时再吃煮鸡蛋。

午餐和晚餐：米饭、蔬菜、鱼或肉等。主餐时可少吃25克米饭，午睡后或者睡前就可吃一只中等大小(100~125克)的水果(如苹果、橙子、梨、猕猴桃、柚子等)。

如果在安排之外每天吃了一些中等大小的水果时，可以在下一餐适当减少主食。

♣ 糖尿病新妈妈的美食餐桌

枸杞炖兔肉

材料：兔肉250克，枸杞子15克。

调料：精盐适量。

做法：

1 兔肉洗净，切小块备用。

2 将枸杞子、兔肉一起放入锅中，加适量清水炖煮，待兔肉熟后，加入适量精盐，稍煮即可。

贴心提示：枸杞子具有增强机体免疫功能、抑制肿瘤、降血糖、降血脂、抗疲劳等作用；兔肉有利于保护血管壁，阻止血栓形成，对糖尿病有益处。

肉片苦瓜

原料：苦瓜100克，瘦猪肉25克，葱花、姜末各适量。

调料：植物油、精盐各适量。

做法：

1 苦瓜洗净，去蒂除子，切片；瘦猪肉洗净，切片。

2 锅置火上，倒入适量植物油，加葱花、姜末炒香，放入瘦猪肉片煸熟，淋入适量清水，放入苦瓜片炒熟，用精盐调味即可。

贴心提示：苦瓜中的苦瓜皂苷被称为"植物胰岛素"，有明显的降血糖作用，还可延缓糖尿病继发的白内障。

牡蛎鲫鱼汤

原料: 鲫鱼500克,牡蛎肉100克,豆腐100克,青菜叶50克,鸡汤2碗,姜、葱各适量。

调料: 料酒10克,精盐、酱油各适量。

做法:

1 鲫鱼去鳞、鳃、内脏,洗净;豆腐切长块;姜切片;葱切花;青菜叶和牡蛎肉洗净。

2 酱油、精盐、料酒调汁,抹在鲫鱼身上。

3 将鲫鱼放入炖锅内,加入鸡汤,放入姜、葱和牡蛎肉,烧沸,加入豆腐,文火煮30分钟后下入青菜叶,再稍煮即可。

贴心提示: 鲫鱼汤能清热、宽肠、通便,且汤味十分清润可口,并且还有降血糖的作用。

玉米菠菜粥

材料: 玉米面100克,菠菜50克。

调料: 精盐、香油各适量。

做法:

1 玉米面用冷水调成糊;菠菜择洗干净,切段,入沸水中略焯,捞出沥水。

2 锅置火上,加入适量清水烧沸,淋入玉米糊烧沸,小火煮成稠粥。

3 撒入菠菜,调入适量精盐,淋入香油搅匀即可。

贴心提示: 菠菜叶中含有铬和一种类胰岛素样物质,其作用与胰岛素非常相似,能使血糖保持稳定。

黄豆排骨汤

原料：排骨200克，黄豆50克。

调料：精盐适量。

做法：

1 黄豆用清水泡软，清洗干净。

2 排骨用清水洗净，放入滚水中烫去血水备用。

3 汤锅中倒入适量清水烧开，放入黄豆和排骨。

4 以中小火煲3小时，起锅加精盐调味即可。

贴心提示：黄豆富含可溶性膳食纤维，而可溶性膳食纤维中的碳水化合物能缓解身体吸收糖的比率，还能促进胰岛素的分泌，从而降低血糖，其中的大豆磷脂还有保持血管弹性和健脑的作用。

海带鱼头汤

原料：鱼头500克，水发海带100克，姜片、葱段适量。

调料：精盐、香油、胡椒粉、料酒各少许。

做法：

1 水发海带洗净切丝；鱼头去鳃洗净后剁成小块。

2 把鱼头、水发海带丝、姜片、葱段放入瓦煲内，加入适量水、料酒，加盖，用小火煲半小时。

3 加入胡椒粉、精盐、香油调味即可。

贴心提示：水发海带中含有的有机碘，有类激素样作用，能促进胰岛素及肾上腺皮质激素的分泌，促进葡萄糖代谢。水发海带中的多糖食用后能延缓胃排空和食物通过小肠的时间，即使胰岛素分泌量减少，血糖也不会上升太快。

坐月子 怎么吃

Part 7

产后养颜塑身的饮食调理

产后祛斑

妊娠斑是产后最明显的皮肤变化，在双颊、额头、上唇等部位比较多见。多因怀孕期间女性体内激素的改变而产生，产后体内雄雌激素分泌恢复平衡后会自然减轻或消失。如果产后依然如故，就需要新妈妈自我调节。

♪ 饮食方案

1 多吃含维生素C的食物，如番茄、柠檬、鲜枣等。维生素C可抑制代谢废物转化成有色物质，从而减少黑色素的产生。

2 多吃含铁的食物。铁是构成血液中血红素的主要成分之一，血红素在养料运输过程中起着重要的作用，要保持皮肤的红润、光泽，必须及时供给充足养料，这就要求血液中血红素的充足，因此膳食中富含铁元素的食物必不可少。含铁丰富的食物有动物肝脏、全血、肉、鱼、禽类，其次是绿色蔬菜和豆类。

黑木耳、海带、芝麻酱含铁较丰富。

3 适量食用富含胶质的食物。胶原蛋白能使皮肤细胞变得丰满，从而使皮肤充盈、皱纹减少，弹性增加，有光泽。牛蹄筋、猪蹄、鸡翅、鸡皮、鱼皮及软骨等食物中，均含有丰富的胶质。

4 不吃煎炸、辛辣食品。它们是导致皮肤老化和病变的危险因素。

贴心提示

长期处于精神紧张、情绪不稳、焦虑烦闷或大喜大悲的状态中，不但易生色斑，也可使皮肤粗糙、老化。注意乐观、豁达，可保持身心健康。充足的睡眠既可清除身体疲劳，也是使皮肤保持健美的一味良药。

🎵 特效美食

猕猴桃果汁

原料：猕猴桃400克，苹果50克，薄荷叶2片，冰水适量。

做法：

1 将猕猴桃削皮切块；苹果削皮去核切块；薄荷叶洗净。

2 将猕猴桃、苹果、薄荷叶一起放入果汁机中搅成泥，加入适量冰水搅匀即成。

贴心提示：猕猴桃中的维生素C能有效抑制皮肤内多巴醌的氧化作用，使皮肤中深色氧化型色素转化为还原型浅色素，干扰黑色素的形成，预防色素沉着，让新妈妈保持皮肤白皙。

菠菜煮田螺

原料：菠菜250克，芥菜150克，田螺肉100克。

调料：料酒、植物油、精盐各适量。

做法：

1 菠菜、芥菜洗净，切4厘米长的段；田螺肉洗净，切薄片。

2 炒锅置大火烧热，加入植物油，烧至六成热，下入田螺肉片，炒至变色。

3 加入清水烧沸，煮15分钟，下入料酒、菠菜、芥菜、精盐拌匀即成。

贴心提示：菠菜具有促进细胞代谢的作用，既抗衰老又能增强青春活力，减少皱纹及色素斑，保持皮肤光洁。

龙眼山药饮

原料：山药50克，龙眼肉、莲子各25克。

调料：白糖100克。

做法：

1. 将山药去皮，切成薄片；莲子浸泡洗净，去心；龙眼肉洗净。

2. 将铝锅置大火上，放入龙眼肉、山药、莲子，加适量水烧开，改小火煎熬50分钟，调入白糖，离火放凉，滤汁即成。

贴心提示：龙眼肉中含有丰富的维生素，可促进微细血管的血液循环，维护皮肤黏膜的生长，使皮肤湿润细嫩，防止雀斑产生，使皮肤更加光滑。

鳙鱼丝瓜汤

原料：鳙鱼750克，丝瓜100克，姜片适量。

调料：精盐适量。

做法：

1. 将丝瓜去皮，洗净切段；鳙鱼去鳞、鳃及内脏，洗净。

2. 锅置火上，加入鳙鱼、丝瓜、姜片、精盐、适量清水，旺火煮沸，转小火慢炖至鳙鱼肉熟烂即成。

贴心提示：鳙鱼鳃下边的肉呈透明的胶状，里面富含胶原蛋白，能够对抗人体老化及修补身体细胞组织；丝瓜藤茎的汁液具有保持皮肤弹性的特殊功能，有美容去皱、去斑的作用。

银耳核桃汤

原料：瘦猪肉50克，核桃仁10克，银耳5克。

调料：精盐适量。

做法：

1 银耳泡发，切成小块；瘦猪肉切碎末。

2 锅内盛水，放入银耳、核桃仁、瘦猪肉。

3 大火烧沸，用中火烧汤5分钟，加精盐调味。

贴心提示：银耳富有天然特性胶质，加上它的滋阴作用，长期服用可以润肤，并有祛除脸部黄褐斑、雀斑的功效。银耳还含膳食纤维，它的膳食纤维可助胃肠蠕动，减少脂肪吸收。

番茄海带汤

原料：番茄75克，海带50克，鲜柠檬25克，奶油50克，高汤适量。

调料：酱油、精盐各少许。

做法：

1 将番茄榨汁；鲜柠檬挤汁备用。

2 将海带浸泡洗净，切成丝，放入高汤中煮5分钟。

3 再在高汤中放入奶油、酱油、精盐、鲜柠檬汁、番茄汁，煮开即可。

贴心提示：番茄中含番茄素，有抑制细菌的作用。还含有可预防高血压的维生素P，它是维护细胞正常代谢不可缺少的物质，可使沉淀于皮肤的色素、暗斑减退，可预防老人斑的出现，具有漂白、去斑、防色素沉淀的作用，是美容不可缺的水果。

产后防脱发

由于孕期激素的改变，新妈妈的头发会在孕期变得较为乌黑、茂密。然而，生产之后，新妈妈的头发会忽然变得稀疏而没有光泽。

一般来说，产后脱发现象叫做"补"掉，多半会在生产后2~3个月中发生，但到3~6个月以后就会恢复正常了，这与新妈妈体内雌激素水平有着密切关系。雌激素水平高，毛发更新速度就慢；雌激素水平低，毛发更新速度就快。怀孕后，雌激素分泌增多，导致毛发更新缓慢，很多应在孕期正常脱落的头发没有脱落，一直保存到产后。产后雌激素水平下降到正常，衰老的头发就纷纷脱落，造成大量脱发的现象。

♫ 饮食方案

1 补充营养。新妈妈应多吃一些补肾和补血的食物，来补充身体的"亏空"。而且蛋白质是头发最重要的营养，因此新妈妈还应该多补充牛奶、鸡蛋、鱼、瘦肉、核桃等一些富含蛋白质的食物。

2 饮食均衡。人类身体的五脏六腑主要是蛋白质、维生素、脂肪、碳水化合物、矿物质、水分等六大营养素来促进机能旺盛。因此，新妈妈不偏食，平衡地摄取六大营养素是保持身体健康的重要因素，也是拥有健康头发的秘诀。

3 多吃养发食物。在饮食均衡的基础上，可以有针对性地多吃一些以下美发食物：绿色蔬菜，如菠菜、芹菜、绿芦荟等，含有丰富的纤维素，可以帮助增加头发的数量；豆类，如大豆、黑豆，能够增加头发的光泽；海藻类，如海带、海菜、裙带菜等，含有丰富的钙、钾、碘等物质，可预防白发过早产生；富含维生素E的食物，如卷心菜、鲜莴笋等，可改善头发毛囊的微循环，促进头发生长。

贴心提示

产后新妈妈头发脆弱、干枯、易脱发，不宜使用刺激性的洗发剂或碱性大的肥皂洗头。新妈妈不妨用艾草叶直接煎水放温后洗头，对月子里新妈妈具有很好的保健作用，可有效防止脱发。新妈妈在洗头发的时候，避免用力去抓扯头发，应用指腹轻轻地按摩头皮，以促进头发的生长以及脑部的血液循环。

琥珀花生

原料： 花生200克，奶油适量。

调料： 植物油、白糖各适量。

做法：

1 花生洗净，保留红衣，入锅加水煮至八成熟。

2 炒锅点火，倒入植物油烧热，下入白糖、奶油，搅匀成奶糖浆，倒入花生，迅速翻炒均匀，凉凉即可。

贴心提示： 花生具有调和脾胃、补血养血、生发乌发的功效。其补血作用主要是外层红衣的功效，最好不要除去。

菟丝子黑豆糯米粥

原料： 糯米100克，黑豆50克，菟丝子10克。

调料： 无。

做法：

1 黑豆用清水浸泡一晚；糯米淘洗干净。

2 将菟丝子用纱布包好，与黑豆、糯米一起入锅，加适量清水煮成粥即可。

贴心提示： 这道菜有补肾、乌发的功效。

何首乌鸡汤

原料： 乌鸡500克，人参须、何首乌各5克，枸杞子、姜片、蒜片各适量。

调料： 精盐、料酒、香油各适量。

做法：

1 乌鸡洗净，放入汤碗中，加入人参须、何首乌、枸杞子、姜片、蒜片，注入八分满的水。

2 用保鲜膜封住汤碗，再将汤碗上蒸笼，中火蒸2小时。

3 取出汤碗，加入各种调料，搅匀即可。

贴心提示： 此汤具有滋补、美容补血、生发乌发的功效。

枸杞黑豆炖鲤鱼

原料：鲤鱼750克，黑豆50克，火腿20克，枸杞子10克，姜片适量。

调料：精盐、植物油各适量。

做法：

1. 黑豆洗净，沥干水，倒入锅中，不加油，炒至豆衣裂开，盛出，洗净沥干；枸杞子浸泡30分钟，洗净；鲤鱼洗净；火腿切菱形片。

2. 炒锅点火，倒入植物油烧热，下入鲤鱼，煎至鱼身成金黄色。

3. 汤煲内倒入清水，大火烧沸，下入全部材料；水再沸时，小火煲3小时即可。

贴心提示：黑豆有补虚乌发的功能。

三色鱼卷

原料：鱼肉300克，肥膘肉50克，紫菜4张，鸡蛋3个，水淀粉、葱姜末各适量。

调料：精盐、料酒各适量。

做法：

1. 鱼肉洗净，去皮、刺，与肥膘肉一起剁成泥，加精盐、料酒、水淀粉、葱姜末，搅匀。

2. 鸡蛋磕入碗中打散，放适量精盐搅匀，分3次舀到炒锅内摊3张鸡蛋皮。

3. 将鸡蛋皮平铺在案板上，均匀抹上鱼泥，在上边铺上紫菜，再抹一层薄薄的鱼泥；折上两边，由鸡蛋皮的两端同时向中间卷，在会合处抹少许鸡蛋液，做成鱼卷。

4. 将鱼卷放入盘中，上屉蒸20分钟，凉凉，切片摆入盘中即可。

贴心提示：此美食含碘、维生素丰富，有生发乌发的功效。

青豆带鱼

原料：带鱼500克，香菇、玉兰片、青豆、胡萝卜各20克，葱花、姜末、蒜末、鲜汤、水淀粉、面粉各适量。

调料：精盐、料酒、白糖、酱油、香油、醋、植物油各适量。

做法：

1. 香菇、玉兰片、胡萝卜均洗净切丁。

2. 带鱼去头、尾，剖肚去肠，洗净，去鱼骨，剖成两片，剞花刀，加料酒、精盐拌匀，拍上面粉，入油锅炸至肉酥，盛盘。

3. 锅中加入植物油烧热，放入香菇丁、玉兰片丁、胡萝卜丁和青豆炒熟，加鲜汤和葱花、姜末、蒜末、精盐、料酒、酱油煮沸，再加白糖、醋，用水淀粉勾芡，淋上香油，浇在鱼片上即可。

贴心提示：常吃带鱼有养肝补血、泽肤养发的功效。

产后瘦身

怀孕期间，准妈妈会胃口大开，进食量倍增。因为除了准妈妈本人，还有宝宝的营养，还有产后哺乳的脂肪储备，等于是三份。产后就没有那么大的需求了，但人的胃口和饮食习惯难以主动改变，需要新妈妈自己控制。有的新妈妈控制不好，在生产后不但不能减去孕期所囤积的脂肪，恢复窈窕身材，体重还会继续飙升。

🎵 饮食方案

1 控制高热量食物的摄取量。产后新妈妈应该科学地安排饮食起居，对一些含脂肪过多的高热量食物，如花生、核桃、芝麻以及各种植物油、动物油、奶油、油炸品和油酥点心等，食用时，要加以节制。

2 多喝水。多喝水是加强排毒一定要做到的功课，人体所有的生化反应都必须依靠水才能进行。因此当人体水分喝得少的时候，代谢废物无法完全清除，所以积存在体内会有毒害身体细胞的影响。水喝得是否足够，其实是决定瘦身成绩的关键，所以要想在坐完月子之后尽快瘦下来的话，一定要多增加水分的摄取。

3 多吃蔬菜、水果。蔬菜、水果是许多抗氧化营养素，例如维生素C、维生素P等的良好来源。抗氧化营养素可以清除体内自由基，减少我们的细胞受到的伤害。所以在加强清毒的时候，抗氧化营养素一定要加强，否则身体代谢所产生的自由基对细胞的毒害是会加速我们老化臃肿的。但多数的抗氧化营养容易因为烹调加热被破坏，所以必须多从生食的蔬菜、水果中摄取，才能获得足够的抗氧化营养素。

4 多吃含膳食纤维丰富的食物。食物纤维是帮助肠道清毒所必需的营养素，通常在一般的蔬菜、水果以及五谷根茎类的食物中就可以很容易地摄取到食物纤维了。在坐月子期间，吃太多食物纤维会干扰营养素的吸收，容易影响伤口愈合，所以，在坐月子期间会建议纤维摄取量稍微少一些，但是在坐完月子之后，一定要增加纤维的摄取。

> **贴心提示**
>
> 要想达到减肥效果，新妈妈要坚持合理的运动。当然，减肥不要心急，运动不要过量，否则会伤害身体；运动后要及时补充水分、蛋白质及维生素，如可以喝些酸奶、吃西瓜等。

坐月子 怎么吃

红焖萝卜海带

原料： 海带、萝卜各200克，豆腐100克，高汤1碗，丁香、大茴香、桂皮、花椒各适量。

调料： 植物油、精盐、酱油各适量。

做法：

1 将海带、萝卜洗净，切丝；豆腐洗净，切片。

2 锅中加入植物油烧热，下入海带丝、豆腐片、丁香、大茴香、桂皮、花椒、酱油、高汤，烧开，改中火烧至海带丝熟烂，豆腐片入味，再放入萝卜丝焖熟，加入精盐调味即可。

贴心提示： 海带中含有大量的褐藻酸、褐藻氨酸等，具有瘦身美容的功效。

香菇鸡块煲

原料： 鸡腿肉300克，粉条100克，水发香菇75克，葱段、姜片、八角各适量。

调料： 精盐、酱油、植物油各适量。

做法：

1 将鸡腿肉洗净，切块，入沸水中焯一下，捞出控水。

2 水发香菇去根洗净，切片；粉条泡至回软，切段。

3 净锅上火，倒入植物油烧热，投入葱段、姜片、八角炝香，放入鸡腿肉煸炒至八成熟，加入水发香菇稍炒，烹入酱油，倒入水，煲至鸡腿肉熟透，放入粉条，加入精盐调味即可。

贴心提示： 水发香菇中含有丰富的酶类，可调节人体新陈代谢，可以消除腹壁脂肪。

香菇枸杞鸡肉粥

原料：大米150克，香菇100克，鸡肉片50克，枸杞子15克。

调料：精盐、香油各适量。

做法：

1 大米淘洗干净；香菇洗净，切成薄片。

2 将大米、香菇、鸡肉片、枸杞子放入锅内，加水适量，置大火上烧沸，调入精盐、香油，再用小火煮30分钟出锅装碗即成。

贴心提示：鸡肉具有低脂低热能的特点，肉质也更爽口香嫩，可以成为减肥者摄取动物性蛋白的首选食物。

荷叶知母茶

原料：茯苓10克，法半夏6克，荷叶、知母、陈皮、甘草各5克，生姜适量。

调料：无。

做法：

　将所有材料混合在一起，加400克清水，先用大火煮开，再用小火煎至200克即可。

贴心提示：此茶有助于产后新妈妈恢复身材，消耗脂肪。

番木瓜粉

原料：番木瓜适量。

调料：无。

做法：

　番木瓜焙干，研末，每次取6~10克，温开水送服，每日2次。

贴心提示：番木瓜中的木瓜蛋白酶，可将脂肪分解为脂肪酸，从而有利于降脂瘦身。

蒸豆腐

原料： 老豆腐1块（300克左右），鸡蛋1个，青菜叶50克，淀粉、葱末、姜末各适量。

调料： 精盐适量。

做法：

1 将老豆腐投入沸水中氽烫一下，捞出来沥干水捣碎；鸡蛋煮熟后取蛋黄。

2 青菜叶洗净，投入沸水中氽烫后切碎放入碗中，加老豆腐、淀粉、精盐、葱末、姜末搅拌均匀。

3 将豆腐做成方形，将蛋黄捣碎后撒在豆腐表面，入蒸锅蒸10分钟即可。

贴心提示： 老豆腐中含大量的植物性蛋白质，吃进肚里易饱经饿，是优点多多的减肥食物。老豆腐含有的微量元素极其丰富，有助于排出体内多余的水分，提高消化功能，特别是针对腹部的脂肪尤其有效。

产后丰胸

哺乳期后，新妈妈乳房内腺体萎缩，间质中的纤维结缔组织由于在妊娠末期和哺乳期被乳汁充盈而延伸、拉长，这种情况在停止哺乳后，纤维结缔组织回缩不全，相对延长，就会使乳房松弛而下垂。所以，新妈妈要学会护理乳房，多吃一些有利乳房丰满坚挺的食物，防止乳房下垂。

♫ 饮食方案

乳房的丰满程度，与营养素的摄入、雌激素的刺激关系十分密切。

1 多吃富含维生素E以及有利于激素分泌的食物。这些食物有助于胸部发育，如卷心菜、菜花、葵花子油等。B族维生素也有助于激素合成，它存在于粗粮、豆类、牛乳、牛肉等食物中。因为内分泌激素在乳房发育和维持过程中起着重要的作用；雌性激素使乳腺管日益增长；黄体酮使乳腺管不断分枝，形成乳腺小管。

2 多吃含丰富蛋白质的食物。如木瓜、鱼、肉及鲜奶等食物有助于胸部丰满。

3 多吃富含胶质的食物。如蹄筋、海参及猪脚等，能促进胸部发育。

4 多吃种子、坚果类食物。含卵磷脂的黄豆、花生等，含丰富蛋白质的杏仁、核桃、芝麻，都是良好的丰胸食物。植物种子的衣膜部分还有促进性腺发育的作用。另外，玉米更被营养专家肯定为最佳丰胸食品。

5 多吃一些热量高的食物。如蛋类、瘦肉、花生、核桃、芝麻、豆类、植物油类等，使乳房中脂肪积蓄而变得丰满，富有弹性。

6 多摄取维生素C，维生素C能防止胸部变形。富含维生素C的食物有木瓜、香蕉、苹果等。

7 不要节食减肥。急于进行节食减肥，节食的后果是使乳房的脂肪组织也随之受累。乳房随之缩小是必然的。对于产后新妈妈，体重需要一年左右的时间才能逐渐恢复，因此不要急于节食减肥，应当采用其他方法。

贴心提示

从哺乳期开始，新妈妈就要坚持戴胸罩。假如不戴胸罩，重量增加后的乳房会明显下垂。尤其是在工作、走路等乳房震荡厉害的情况下，下垂就越明显。戴上胸罩，乳房有了支撑和扶托，乳房血液循环通畅，对促进乳汁的分泌和提高乳房的抗病能力都有好处，也能保护乳头不受擦伤和碰疼。

奶香玉米汁

原料： 新鲜玉米750克，牛奶250毫升。

做法：

1 将新鲜玉米剥皮洗净，用水果刀把玉米粒剜下来。

2 将玉米粒放进搅拌机，加水，打成玉米汁。

3 将玉米汁倒进汤锅里，先用大火煮开，再加入牛奶，用小火煮5分钟左右即可。

贴心提示： 牛奶、新鲜玉米含丰富的蛋白质、维生素和矿物质，对产后丰胸有一定的效果。

豌豆炒鱼丁

原料： 豌豆仁200克，鳕鱼200克，红椒适量。

调料： 植物油、精盐各适量。

做法：

1 鳕鱼去皮、去骨、切丁；豌豆仁洗净；红椒洗净、切丁。

2 上锅热油，倒入豌豆仁翻炒片刻，继而倒入鳕鱼丁、红椒丁，加适量精盐一起翻炒，待鳕鱼丁熟即可。

贴心提示： 鳕鱼肉中含有丰富的维生素A和不饱和脂肪酸，多吃可刺激新妈妈激素分泌，助益乳腺发育，起到丰胸催乳的效果。

木瓜炖鲫鱼

原料：鲫鱼500克，木瓜半个，姜片、葱段、鸡汤各适量。

调料：植物油、精盐、胡椒粉各适量。

做法：

1 木瓜去皮，除去瓜核，切成片；鲫鱼剖洗干净，打花刀。

2 起锅热油，下鲫鱼煎至两面金黄。

3 另起锅，加鸡汤，放入木瓜片、鲫鱼、葱段、姜片，加盖煮10分钟。

4 加精盐、胡椒粉调味即可。

贴心提示：这道美食有营养、补虚、通乳的功效，常用以治疗产后乳汁过少。木瓜是不错的丰胸食物，哺乳新妈妈坚持食用，可以防止胸部变形或下垂。

羊肉虾羹

原料：羊肉200克，大蒜50克，虾米30克，葱、蒜各适量。

调料：精盐适量。

做法：

1 羊肉洗净，切成薄片；虾米洗净；大蒜切片；葱切段和花。

2 锅置火上，加水烧开，放入虾米、蒜片、葱段。

3 煮至虾米熟后放入羊肉片，再煮至羊肉片熟，加少许精盐调味，撒葱花即可。

贴心提示：羊肉具有强壮筋骨、活血通经、健胸、催乳的作用，尤其适合于胸部平坦、乳房干瘪的新妈妈丰胸之用。

木瓜银耳排骨汤

原料： 排骨 300 克，木瓜 50 克，干银耳 40 克，姜片适量。

调料： 精盐适量。

做法：

1 木瓜去皮、子，切成小块；干银耳用温水泡发，撕成小块；排骨用精盐水氽烫去血污。

2 锅中加入 1 大碗水，烧开后放入所有原料，旺火煮开后改小火煲约 1~5 小时。加入适量精盐调味即可。

贴心提示： 木瓜所含的木瓜酵素能促进肌肤代谢，帮助溶解毛孔中堆积的皮脂及老化角质，从而让皮肤变得光洁、柔嫩、细腻，可使皱纹减少，面色红润。木瓜中含量丰富的木瓜酵素和维生素A可刺激雌激素分泌，帮助乳腺发育，可以促进通乳。

大枣扒山药

原料： 山药 500 克，大枣 150 克，罐头樱桃 10 粒，猪油网 1 张。

调料： 白糖、桂花酱、淀粉、植物油各适量。

做法：

1 将山药洗净，煮熟，凉凉后剥去皮，切段，再顺长剖为 4 片。

2 大枣洗净，去核；猪油网洗净，沥干水分；罐头樱桃洗净，去核。

3 扣碗内抹植物油，把猪油网平垫碗底，上面放罐头樱桃和大枣，码入山药片，撒一层白糖，至码完，稍淋些植物油，再加桂花酱，上屉蒸熟。

4 取出扣碗，挑净油渣，翻扣于盘内。

5 锅内加清水，放白糖化开，用淀粉勾芡，浇入盘中即成。

贴心提示： 罐头樱桃含铁量丰富，并且还含有丰富的维生素C、B族维生素等营养成分，有助于激素分泌和激素合成，促进乳房发育，是效果不错的丰胸佳果。

Part 8

月子不适的饮食调理

产后贫血

贫血是产后常见的一种症状。它产生的原因主要有两个方面：一是妊娠期间就有贫血症状，未能得到及时改善，分娩后又不同程度地失血，更使贫血程度加重；二是妊娠期间准妈妈的各项血液指标都很正常，分娩时出血过多造成贫血。

产后贫血有轻度、中度和严重之分。轻度贫血是指血色素在90克/升以上，新妈妈平时多吃一些含铁及叶酸较多的食物，如动物内脏、红枣、桂圆、绿叶蔬菜及谷类等就可以改善贫血；中度贫血是指血色素在60~90克/升，这种情况，除了饮食调养外，还需借助药物来进行适当的治疗；严重贫血是指血色素低于60克/升，需要进行输血治疗。

产后贫血不可忽视，一不利于哺乳，二使新妈妈虚弱的身体不易恢复正常，从而延长产褥期，严重的甚至还可能发生子宫脱垂、产后内分泌紊乱、经期延长等症状。

饮食方案

1 多吃含铁食物，如海带、紫菜、蘑菇、香菇、木耳、豆类及其制品、肉类、禽蛋以及动物内脏等。另外，红枣、红糖、黑豆、面筋、金针菜也是补血佳品。

2 多食高蛋白食物，补充维生素C。蛋白质丰富的食物，如鸡蛋、乳类制品、肉类等，一方面可促进铁的吸收，另一方面也是人体合成血红蛋白所必需的物质。另外，维生素C具有促进铁在体内吸收的作用，要多吃新鲜的绿叶蔬菜、水果等含维生素C的食物。

3 多吃流质或半流质食物。其实，产后贫血的预防应该从孕期就开始。在早孕阶段，多吃些流质或半流质食物，如猪肝汤、豆腐、水蒸蛋、蔬菜汤等，对于预防和减轻贫血症状也是极有效的。另外，贫血新妈妈应该注意的是，不要喝茶，尤其是浓茶，它会使贫血症状加重；牛奶及一些中和胃酸的药物不宜和含铁食物一起食用，否则会阻碍铁质的吸收。

坐月子怎么吃

🎵 特效美食

枸杞大枣煲鸡蛋

原料： 枸杞子、大枣各适量，鸡蛋1个。

做法：

1 枸杞子、大枣分别洗净。

2 净锅倒适量水，水沸后加入大枣，滚水煮20分钟，磕入鸡蛋，放入枸杞子，荷包蛋煮熟，即可食用。

贴心提示： 枸杞子、大枣、鸡蛋中都含有丰富的铁元素和维生素C等。铁元素对防治新妈妈缺铁性贫血有很好的疗效；维生素C具有促进铁在体内吸收的作用。

番茄焖牛肉

原料： 牛肉300克，番茄2个，高汤、水淀粉、大料、葱、姜各适量。

调料： 白糖、料酒、鸡精、酱油、植物油、精盐各适量。

做法：

1 将牛肉洗净放锅内煮熟后切成块；番茄洗净切块；葱、姜切细末。

2 炒锅放入植物油烧热，下入葱姜末、大料炝锅，加入高汤、酱油、料酒、精盐，放入牛肉烧开。

3 小火煮5分钟，再放入番茄，加入白糖、鸡精略煮后用水淀粉勾芡炒匀即可。

贴心提示： 牛肉含丰富的铁；番茄的维生素含量丰富，其中所含的维生素C，可以帮助铁的吸收。两者搭配可强筋健骨，预防贫血。

酱肉四季豆

原料： 四季豆200克，牛肉丝、胡萝卜各100克，姜末、淀粉各适量。

调料： 料酒、甜面酱、香油、植物油各适量。

做法：

1 牛肉丝加甜面酱、料酒、淀粉拌匀；四季豆洗净，切斜段，入沸水锅焯烫后捞出；胡萝卜洗净去皮，切丝。

2 锅中倒入植物油烧热，爆香姜末，放入牛肉丝，大火翻炒数下，盛出。

3 净锅倒入植物油烧热，放入四季豆、胡萝卜，以中火炒匀，加1大匙水焖煮至熟，再加入炒好的牛肉丝推匀，淋上香油即可。

贴心提示： 牛肉丝中含丰富的铁元素，有养血理血的疗效；四季豆有丰富的维生素C，能促进牛肉中的铁元素在体内吸收的作用，从而达到补血的效果。

美味鱼吐司

原料：鱼肉、切片面包各150克，鸡蛋清1个，葱花、姜末、淀粉各适量。

调料：植物油、料酒、精盐、果酱各适量。

做法：

1 鱼肉去皮、刺，剁成泥，加鸡蛋清、葱花、姜末、料酒、精盐、淀粉一起拌匀；切片面包去掉边皮。

2 鱼泥分成4份，均匀地抹在切好的面包片上。

3 净锅点火，倒入植物油烧至五成热，下入面包片，炸成金黄捞出，将每片面包切成4小块，蘸果酱食用。

贴心提示：鱼肉中含有的铁元素和叶酸，对改善新妈妈妊娠期间的贫血症状有很好的食疗效果。

干炸小黄鱼

原料：小黄鱼300克，面粉200克。

调料：精盐、料酒、植物油各适量。

做法：

1 小黄鱼去掉头、内脏，清洗净，加少许精盐和料酒，腌1个小时，放入面粉盆中蘸裹均匀。

2 炒锅点火，倒入植物油烧至七八成热，将小黄鱼逐个放入，炸至金黄色，捞出。

3 油锅继续加热，待油温升至八成热，将小黄鱼下入再炸一遍，炸至焦脆即可出锅。

贴心提示：小黄鱼含有丰富的蛋白质、矿物质和维生素等，具有健脾、益气等功效。对贫血、食欲缺乏及产后体虚者有良好疗效。

当归鱼汤

原料：鳗鱼150克，当归、黄芪、枸杞子各3克。

调料：精盐、香油各适量。

做法：

1 所有的原料洗净放入炖锅，加水至盖住全部原料。

2 炖至鳗鱼完全熟透，放入精盐，滴上少许香油即可。

贴心提示：这道菜保暖健胃、补血清热，可预防和治疗缺铁性贫血。新妈妈产后常用此汤可气血双补，增强体力。

恶露不下

分娩后，子宫内坏死的蜕膜组织等混合着血液经阴道排出，这称为恶露。一般情况下，恶露在产后3周以内即可排净，总量约为250~500毫升，但个别人可达800~1000毫升。如果产后没有恶露排出，或者排出甚少，并伴有小腹疼痛，则为恶露不下。恶露不下多由产时或产后情志不舒、肝气郁结、血行不畅行，或临产时受寒、伤风，致使血气凝结而引起的，治疗应以活血化淤为主。

饮食方案

1 合理选择中药食疗。中医博大精深，在其里面包含很多可以借鉴的食疗方法，新妈妈不妨试试，如生化汤、三七麻油肝等。三七为理血药，它有止血不留淤的特点，对于妇女血崩、产后血多、恶露不下或恶露不净等病症都有调养功效，是治疗产后恶露不下不可多得的调理药物。

2 慎食生冷、寒凉食物。生冷多伤胃，寒凉则血凝。生冷、寒凉的食物会刺激消化系统，而产后新妈妈胃肠功能的恢复需要一段时间，在这期间，如果吃了生冷、寒凉的食物，如从冰箱里刚取出的水果、蔬菜，很有可能就会引发恶露不下或不绝、产后腹痛、身痛等多种症状。因此，产后新妈妈一定要慎食生冷、寒凉食物，并根据自己的情况来决定摄入水果、蔬菜的量和种类。

3 忌大补。产后第1周是排恶露的黄金时间，为避免恶露排不干净，第1周时一定不要大补。

特效美食

菜心烧百合

原料： 油菜心8棵约400克，鲜百合50克，素汤适量。

调料： 植物油、精盐、蚝油各适量。

做法：

1 油菜心洗净，一剖两半，焯水；鲜百合瓣成瓣，洗净。

2 锅中加入植物油烧热，加素汤、油菜心、百合略烧，放精盐、蚝油调味即成。

贴心提示： 这道菜可行滞活血，可治产后恶露不下。

冬瓜红豆粥

原料： 冬瓜300克，粳米、红豆各50克。

调料： 香油适量。

做法：

1 冬瓜洗净切块；红豆浸泡4小时；粳米淘洗干净。

2 将冬瓜块、红豆、粳米放入锅内，加适量的水煮成粥，加香油调味即可。

贴心提示： 红豆中含有蛋白质、脂肪及B族维生素等多种营养成分，钙、磷、铁的含量较高。它可以健脾养胃，有清血排脓的作用。

荔浦芋头

原料：荔浦芋头 200 克，腊肉 50 克。

调料：精盐、香油、植物油各适量。

做法：

1. 将芋头洗净去皮，切成丝，放入精盐、香油拌匀；腊肉切成细丁。

2. 将拌好的芋头丝放入器皿中，撒上腊肉丁，上笼蒸 10 分钟。

3. 坐锅点火倒油，待油九成热时，浇在蒸好的芋头丝上即可。

贴心提示：芋头有散结、宽肠、下气的功效，对新妈妈产后恶露排不畅等有辅助治疗作用。

松子核桃小米粥

原料：小米 100 克，松子仁、核桃仁各 50 克。

调料：白糖适量。

做法：

1. 松子仁、核桃仁洗净，用温水泡发，去皮。

2. 小米淘洗干净。

3. 锅中放清水，加入松子仁、核桃仁，上火稍煮，水沸后，下入小米，用小火煮成粥，加入白糖即可。

贴心提示：松子仁的通便作用温和，对产后的便秘、恶露不下者有一定的食用疗效。

冬瓜薏仁汤

原料：冬瓜250克，鸡肉100克，薏仁25克。

调料：精盐适量。

做法：

1 薏仁洗净，用冷水浸泡30分钟左右；冬瓜洗净，切成小块；鸡肉洗净，切块备用。

2 将所有原料放入锅中，加入适量清水，先用大火煮开，再用小火炖40分钟。加入精盐调味，即可饮用。

贴心提示：薏仁具有活血祛淤的功效，可以治疗产后恶露不下等气血涩滞之症；冬瓜具有清热解毒、利水消痰、除烦止渴、祛湿解暑的功效，适用于心胸烦热、小便不利、产后淤血内停、脉络阴滞所致的恶露不畅等症。

小白菜心炒蘑菇

原料：鲜蘑菇200克，小白菜12棵，米酒适量。

调料：精盐、香油、植物油、鸡精各适量。

做法：

1 将鲜蘑菇洗净，去蒂，入沸水锅中略氽，捞出沥干后对开切。

2 小白菜洗净后对开切，放入热油锅中加精盐、鸡精，翻炒熟透，起锅整齐排于盘内。

3 将锅置旺火上，加入植物油烧热，放入鲜蘑菇煸炒片刻。

4 加入米酒、精盐、鸡精烧至入味，淋入香油，起锅盖在小白菜上即可。

贴心提示：小白菜有活血祛淤的功效，可治产后恶露不下等症状；鲜蘑菇具有镇痛、镇静、通便排毒等功效，用于脾虚气弱、身体倦怠、产后恶露不下等情况。

恶露不净

症状解析

正常情况下，恶露一般在产后20天以内即可排除干净，如果超过这段时间仍然淋漓不绝，即为恶露不净。

产后恶露不净的原因

1 组织物残留。可因子宫畸形、子宫肌瘤等原因，也可因手术操作者技术不熟练，致使妊娠组织物未完全清除，导致部分组织物残留于宫腔内。此时除了恶露不净，还有出血量时多时少，内夹血块，并伴有阵阵腹痛等现象。

2 宫腔感染。可因产后洗盆浴，或卫生巾不洁，或产后未满月即行房事，也可因手术操作者消毒不严密等原因致使宫腔感染。此时恶露有臭味，腹部有压痛，并伴有发热，查血象可见白细胞总数升高。

3 宫缩乏力。可因产后未能很好休息，或平素身体虚弱多病，或生产时间过长，耗伤气血，致使宫缩乏力，恶露不绝。

饮食方案

1 饮食宜清淡而富于营养，稀软、多样化。

2 应慎食生冷、辛辣之物。辣椒、葱、姜、蒜、胡椒、酒等辛辣刺激食品能助湿生热，导致盆腔充血，对康复不利。

3 不宜大补。产后大补很容易导致血管扩张，血压上升，可能会加剧出血，延长子宫的恢复期，引起恶露不绝。

4 恶露不净多因气血不足、脾胃虚弱、消化力差，应忌食生冷黏滑、粗糙坚硬、油煎、油炸和含油脂较多的不易消化的食物。

贴心提示

如果血性恶露持续2周以上，量多，常提示胎盘附着处复原不良或有胎盘、胎膜残留。如果分娩1个月后恶露不净，同时伴有臭秽味或腐臭味，或伴有腹痛、发热，则可能是阴道、子宫、输卵管、卵巢有感染。

特效美食

黄芪鸡汤

原料：小公鸡1只约750克，当归10克，黄芪9克。

调料：精盐、胡椒粉各适量。

做法：

1 小公鸡宰杀，去毛及内脏，剁去鸡爪及嘴壳，用清水洗净。

2 黄芪去粗皮洗净；当归洗净。

3 将小公鸡放入沙锅中，加入适量清水烧沸，撇去浮沫，加黄芪、当归、胡椒粉，小火炖2小时，调入精盐，再焖10分钟即可。

贴心提示：黄芪具有补气升阳、利水消肿的作用；鸡汤营养丰富。此汤适宜于产后子宫恢复及恶露排除、产后乳少。

生姜橘皮茶

原料：姜片20克，橘皮10克，清水适量。

调料：红糖适量。

做法：

1 橘皮洗净切小片，放入锅中。

2 加入姜片、适量清水和红糖，煮成糖水即可。

贴心提示：姜片含姜辣素，不仅能够帮助新妈妈增进食欲，促进消化，还可以散淤血，加之红糖补血益血的功效，可以促进恶露不净的新妈妈尽快化淤，排尽恶露。

大枣阿胶粥

原料：粳米100克，红枣10枚，阿胶粉10克。

做法：

1 将粳米淘洗干净备用。红枣洗净去核备用。

2 锅中加适量清水烧开，放入红枣和粳米，用小火煮成粥。

3 调入阿胶粉，稍煮几分钟，待阿胶粉溶化，即可食用。

贴心提示：此粥有益气、养血止血的作用，可用于防治产后气虚、恶露不净，且症状为产后恶露淋漓不绝、质稀色淡红、神倦无力者。

甜瓜胡萝卜橙汁

原料：甜瓜半个，胡萝卜1根，橙子1个，纯净水1杯。

调料：无。

做法：

　　将所有果蔬洗净，橙子去子，均切成2厘米见方的小块，放入果汁机中加1杯纯净水榨汁。

贴心提示：此果汁有改善血液循环、防治淤血的功效，适用于恶露不净。

绿豆藕合

原料： 莲藕1节约250克，绿豆50克，胡萝卜1个。

调料： 白糖适量。

做法：

1 绿豆洗净，浸泡半小时，研碎；胡萝卜洗净切片，研成泥，加入绿豆粉、白糖，做成馅。

2 莲藕去皮洗净，从一端切开做盖，藕洞中塞入豆馅，盖上盖，置蒸笼中隔水蒸熟，食用时切片即成。

贴心提示： 莲藕具有清热凉血、活血止血、益血生肌的作用，对产后恶露不净、伤口不愈合有较好的疗效，但脾胃不好的新妈妈最好不要吃生莲藕。

栗子炖乌鸡

原料： 乌鸡1只(约1000克)，鲜栗仁90克，姜片适量。

调料： 精盐适量。

做法：

1 乌鸡去内脏，洗净，剁大块，入沸水锅中焯去血水，捞出后放入炖锅中。

2 加入鲜栗仁、姜片和适量清水，中火炖烂后加适量精盐调味即可。

贴心提示： 鲜栗仁具有养胃健脾、补肾强筋、活血止血的功效；乌鸡有补气养血、收敛固摄的功效，可用于防治产后气虚、恶露不净等症状。

产后水肿

产后水肿，通常表现为新妈妈产后面目或四肢水肿。产生水肿的原因一般有两方面：一方面是因为子宫变大，影响血液循环而引起水肿；另一方面是受到黄体酮的影响，身体代谢水分的能力变差而引起的水肿。长期站立或坐着工作的新妈妈较容易出现水肿现象，因为长期站立或坐着工作可能使静脉循环不佳，以致局部(特别是脚)出现体质性的水肿。

现代医学认为，产后水肿是由于妊娠高血压综合征引起的，这种水肿一般会自动消失，不必治疗。

🎵 饮食方案

1 饮食清淡、少盐。水肿时要吃清淡的食物，控制盐分，不要吃过咸的食物。所谓的少盐不单是指食用盐或吃起来很咸的东西，凡是酱料、腌渍物，或含钠量高的食品，尤其是咸菜，都要少吃。

2 适当控制甜食。处在月子里的新妈妈必须适当控制甜食，因为食入过多的糖分，如白米、面包、糕饼、含糖饮料是导致下半身水肿的元凶。不过，这并不代表新妈妈必须戒掉甜食，以五谷米取代白米、以杂粮面包取代甜面包、以代糖饮料取代含糖饮料也是可取的。

3 多吃利水食物。冬瓜、红小豆、黑豆、绿豆、西瓜、黄瓜、鲤鱼、玉米须等都是利水消肿的绝佳食品，新妈妈可以合理选食。

4 多吃水果。蔬菜和水果中含有人体必需的多种维生素和微量元素，可以提高机体抵抗力，加强新陈代谢，还具有解毒利尿等作用，比如红豆、冬瓜、西瓜、茄子、芹菜等。

5 少吃或不吃难消化和易胀气的食物。这样的食物容易引起腹胀，使血液回流不畅，加重水肿，比如油炸的糯米糕、白薯、洋葱、马铃薯等。

6 多吃含蛋白质丰富的食物。蛋白质能提高血浆中白蛋白的含量，改变胶体渗透压，将组织里的水分带回到血液中，因此新妈妈应保证每天摄入足量的蛋白质，多吃一些禽肉、鱼、虾、蛋、奶等动物类食物及豆类食物。

♬ 特效美食

番茄黄豆炖牛肉

原料: 牛肉、番茄各200克,黄豆50克,八角、葱姜末、水淀粉、高汤各适量。

调料: 精盐、白糖、植物油各适量。

做法:

1 黄豆洗净,用清水泡涨;将牛肉剔去筋膜,洗净,切成3厘米见方的块;番茄洗净,去蒂,切块。

2 炒锅内放入植物油烧热,下八角炸至枣红色,放葱姜末炝锅,加高汤、精盐,放入牛肉、黄豆炖至牛肉软烂时,放入番茄,加白糖稍炖,用水淀粉勾芡,炒匀,出锅即可。

贴心提示: 牛肉具有补中益气、滋养脾胃的作用,可用于产后新妈妈的食欲缺乏、下肢水肿等症状。

冬瓜鲤鱼汤

原料: 鲤鱼1条,冬瓜200克,茯苓、大枣、枸杞子各10克,姜片适量。

调料: 精盐适量。

做法:

1 大枣洗净,与茯苓、枸杞子一起用纱布包好,放入锅中;鲤鱼洗净,取鱼肉切片。

2 冬瓜去皮切块,和姜片、鱼骨一起放入药材锅中,加水1碗,用小火煮至冬瓜熟透,放入鱼片,转大火煮沸,加精盐调味,去除药包即可。

贴心提示: 鲤鱼有滋补健胃、利水利尿、消肿通乳、清热解毒等功效;冬瓜有利尿消肿、清胃降火及消炎的功效。

红烧冬瓜

原料: 冬瓜500克,葱花、姜末、水淀粉各适量。

调料: 白糖、甜酱、葱油、植物油各适量。

做法:

1 将冬瓜削去表皮后,切成块状。

2 将炒锅置于中火加热,倒入植物油烧至五成热时,加入葱花、姜末、甜酱,煸炒片刻。

3 随即倒入冬瓜,再加入白糖,倒入适量水,用小火焖烧至冬瓜熟透,下水淀粉勾芡,淋上葱油拌匀,即可起锅装盘。

贴心提示: 冬瓜味甘而性寒,有利尿消肿、清热解毒、清胃降火及消炎之功效,对于产后水肿腹胀等疾病,有良好的治疗作用。

香菇鸡

原料：鸡胸肉200克，水发香菇100克，大枣5枚，葱、水淀粉、姜各适量。

调料：白糖、精盐、料酒、香油各适量。

做法：

1 鸡胸肉洗净，切成条状；大枣洗净，去核；水发香菇、葱姜洗净，切丝。

2 鸡胸肉、大枣、水发香菇放入碗内，加入精盐、白糖、葱姜、料酒、水淀粉拌匀。

3 放入锅中隔水蒸20分钟，取出后摊入盘中，淋上适量香油即可。

贴心提示：这道菜含有丰富蛋白质，有助血液循环，消除水肿。

清汤鲫鱼

原料： 鲫鱼500克，葱、蒜、姜各适量。

调料： 精盐、植物油各适量。

做法：

1 鲫鱼去鳞洗净，用剪刀从鱼腹剖开，取净肠杂，冲去血污备用。

2 将姜切成片状；葱洗净切花。

3 起锅热油，将鲫鱼煎黄，放入清水，加姜、蒜煮20分钟。

4 加入精盐调味，撒上葱花即可。

贴心提示： 鲫鱼所含的蛋白质质优、齐全，易于消化吸收，能利水消肿。

苦瓜豆腐汤

原料： 苦瓜400克，豆腐200克，水淀粉适量。

调料： 香油、精盐、植物油各适量。

做法：

1 苦瓜洗净切片；豆腐切块。

2 坐锅点火倒油，加苦瓜片翻炒数下，倒入沸水，放入豆腐块。

3 加适量精盐煮沸，放水淀粉勾薄芡，淋上香油即可。

贴心提示： 苦瓜虽苦，但新妈妈吃了可以生津止渴、去烦渴；豆腐性凉，能清热解毒、利水消肿。

产后便秘

产后便秘是产后常见病之一。饮食如常，但大便数日不行或排便时干燥疼痛，难以解出者，称为产后便秘，或称产后大便难。

引起产后便秘的原因主要有这样几个原因：一是胃肠功能减低，蠕动缓慢，肠内容物停留过久，水分被过度吸收；二是怀孕期间，腹壁和骨盆底的肌肉收缩力量不足；三是分娩时，会阴和骨盆或多或少地受到损伤，通过神经反射，抑止排便动作；四是产后饮食过于讲究所谓高营养，缺乏纤维素，食物残渣减少。

便秘易给新妈妈带来肠道溃疡、胃肠功能紊乱、结肠癌等疾病，因此一定要积极调理。

🎵 饮食方案

1 多喝汤水，多吸收水分。新妈妈生产时会有一定量的失血，所以补充水分是必要的。多补充白开水、淡盐水均能吸收水分；多吃雪梨等富含水分多的水果也是补水的好方法。另外，多喝汤也是极有好处的，下奶的汤水一般都含有一定量的油分，可以起到润滑肠道、促进排便的作用，如面汤、米汤、鸡蛋汤、鲫鱼汤等。

2 粗细搭配，杂粮不可少。每日进餐应适当配有一定比例的杂粮，要粗细粮搭配，做到主食多样化。在吃肉、蛋食物的同时，注意摄入含膳食纤维多的新鲜蔬菜和水果。蔬菜以菠菜、芹菜、洋葱、苦瓜、空心菜、韭菜等为宜，水果以香蕉、苹果、梨等为好。

3 高蛋白和纤维合理搭配。含纤维多的食品有山芋、粗粮、各种绿叶蔬菜(如芹菜)，高蛋白的食物有肉、蛋、奶等，两者合理搭配，能提供较多的食物残渣，既有利于补充营养，又利于大便的通畅。

┌─ 贴心提示 ─

运动产生的刺激，可促进胃肠蠕动。新妈妈运动无须过于激烈，散步就足够了。每天可以用比平常稍快的速度，步行约20分钟。

♫ 特效美食

木瓜鱼汤

原料：木瓜400克，草鱼肉1块（约300克），干莲子20克。

调料：精盐、植物油各适量。

做法：

1 干莲子洗净，放入冷水浸泡至软；木瓜去皮及子，切块备用。

2 草鱼肉洗净，放入平底锅中用少许油煎至两面微黄，捞出备用。

3 锅中倒入1大碗开水，放入莲子及煎好的草鱼块，大火煲滚后改小火煲2小时。

4 待汤色变浓白色时，加入木瓜及精盐再煲30分钟即可。

贴心提示：木瓜的膳食纤维有利于胃肠的蠕动，促进体内毒素废物的排出，可以消除便秘，保护肝脏。

香酥冬瓜

原料：冬瓜300克，面粉50克。

调料：植物油、精盐、五香粉适量。

做法：

1 冬瓜去皮、瓤，洗净，切条，用精盐腌30分钟，轻轻挤去水分；面粉加水调成面糊，加入五香粉、植物油调匀。

2 炒锅置旺火上，倒入植物油烧至五六成热，将冬瓜条挂糊投入油锅，炸至金黄色，捞出沥油，装盘即可。

贴心提示：冬瓜中的膳食纤维含量很高，能刺激肠道蠕动，使肠道里积存的杂物尽快排泄出去，可有效缓解新妈妈产后的便秘症状。

烩白菜三丁

原料： 嫩白菜帮300克，水发香菇100克，猪肉50克，葱花、姜片、水淀粉、高汤各适量。

调料： 精盐、香油、酱油、鸡精、植物油各适量。

做法：

1 嫩白菜帮、水发香菇、猪肉洗净，均切成丁。

2 猪肉丁加适量精盐拌匀，用水淀粉浆过后入油锅滑透，捞出；水发香菇入沸水余烫捞出。

3 起锅热油，放葱花、姜片炝锅，加嫩白菜帮爆炒至七成熟，倒出。

4 锅内加高汤烧开，放入水发香菇、猪肉丁、嫩白菜帮，加精盐、酱油、鸡精煮沸后用水淀粉勾芡，淋入香油即可。

贴心提示： 嫩白菜帮营养丰富，含蛋白质、膳食纤维及多种人体必需的矿物质和微量元素。其膳食纤维有利于胃肠的蠕动，促进体内毒素废物的排出，消除便秘。

豆皮炸金针

原料： 鲜金针菇200克，豆腐皮2张约50克，鸡蛋1个，淀粉适量。

调料： 料酒、植物油、白糖、生抽各适量。

做法：

1 鲜金针菇去根洗净，入沸水锅烫熟，投凉沥水；豆腐皮洗净，划成方块，卷入整齐的金针菇，卷成条，接头处可用小牙签固定。

2 鸡蛋磕入碗中打散，加入淀粉、料酒、白糖、生抽和适量水，搅匀成蛋糊。

3 炒锅点火，倒入植物油烧至五成热，将豆腐皮卷逐一裹匀蛋糊，入锅炸至金黄色，捞出沥油，装盘即可。

贴心提示： 金针菇含膳食纤维丰富，能防止新妈妈便秘。

雪梨炖罗汉果川贝

原料： 雪梨1个，罗汉果、川贝各适量。

调料： 蜂蜜、冰糖各适量。

做法：

1 雪梨去皮和核，切成小块；罗汉果洗净，剥去外壳；川贝洗净。

2 将雪梨块、罗汉果、川贝同放在小盆内，加入冰糖、蜂蜜和1碗水。

3 入锅隔水蒸1小时，取出凉温，调入蜂蜜即可。

贴心提示： 蜂蜜有润肠通便的作用，对产后新妈妈的便秘有很好的疗效。

产后尿潴留

产后膀胱有尿而不能自解者，称为产后尿潴留，多见于第二产程延长的新妈妈。一般来说，新妈妈产后4~6小时内就可以自己小便了，但如果在分娩6~8小时后甚至在月子中，仍不能正常地将尿液排出，且膀胱还有憋涨的感觉，那么，就可能已经患上尿潴留了。产后尿潴留包括完全性和部分性两种，前者是指自己完全不能排尿，后者是指仅能解出部分尿液。

尿潴留是产褥期常见的不适病症，会给新妈妈带来生理和心理上的诸多困扰。不仅可能影响子宫收缩，导致阴道出血量增多，还可能造成产后泌尿系统感染。

产后尿潴留的原因

1 分娩时胎儿的头部压迫膀胱，使膀胱黏膜充血水肿，造成排尿困难。

2 产后膀胱肌肉收缩能力差，无力将尿液排出。

3 产后腹部肌肉松弛，膀胱容量增大，产妇对尿胀不敏感。

4 会阴伤口的疼痛抑制了排尿。

饮食方案

1 产后大量饮水。新妈妈应在产后1小时内饮完39℃~41℃的温开水或温流质食物1000~1500毫升。具体说来是产后立即给予温的红糖水500毫升口服，10分钟后开始给予温流质食物500~100毫升口服，1小时内饮完。这样可使膀胱在短时间内充盈，产生强烈的刺激和排尿反射，引起尿意，2~3小时后在他人的扶持下即可自解小便。如此每3~4小时排尿一次，24小时内膀胱功能即可恢复。

2 饮食应以营养丰富、易于消化为宜。

3 忌食寒凉生冷之物及一些易引起胀气的食物。

> 贴心提示
>
> 用热水袋外敷膀胱位置(下腹部正中位置)，以改善局部血液循环，有助于加速消除膀胱与尿道的水肿，促进膀胱排尿功能的恢复。

♨ 特效美食

芦荟玉米粒

原料： 嫩甜玉米粒250克，芦荟50克，胡萝卜半根，嫩豌豆25克。

调料： 植物油、鸡精、精盐各适量。

做法：

1 将嫩甜玉米粒洗净，在水中焯一下，捞出凉凉；芦荟、胡萝卜洗净切粒。

2 将植物油入旺火锅中，加入嫩甜玉米粒、芦荟粒、胡萝卜粒、嫩豌豆爆炒，待熟后放精盐、鸡精调匀即成。

贴心提示： 芦荟中的芦荟大黄素甙、芦荟大黄素等有效成分起着增进食欲、利水利尿的作用；嫩甜玉米粒主要用于慢性肾炎、水肿、小便不利等症。

拌双笋

原料： 竹笋300克，莴笋200克，姜末适量。

调料： 香油、料酒、精盐、白糖各适量。

做法：

1 将莴笋去皮洗净，竹笋去壳洗净，均切成滚刀块，入沸水中焯一下，捞出沥水。

2 将竹笋块、莴笋块放入大碗中，加精盐、姜末、料酒、白糖调匀，淋入香油即可。

贴心提示： 莴笋钾含量大大高于钠含量，有利于体内的水电解质平衡，促进排尿和乳汁的分泌；竹笋能促进肠道蠕动，防便秘、利尿。

茭瓜虾皮汤

原料： 茭瓜150克，虾皮25克，葱花、姜片各适量。

调料： 植物油、精盐、香油各适量。

做法：

1 将茭瓜洗净，切薄片。

2 虾皮用温开水稍泡，洗净。

3 净锅上火，倒入植物油烧热，下入葱花、姜片、虾皮炝香，放入茭瓜煸炒，倒入水烧沸，调入精盐，淋入香油即可。

贴心提示： 茭瓜具有清热利尿、除烦止渴、润肺止咳、消肿散结的功能。此汤能促进新陈代谢，降脂减肥，提高免疫力，有利于防治新妈妈产后尿潴留。

三鲜蕨菜

原料： 蕨菜300克，西芹50克，火腿、鸡丝各25克，葱姜丝、水淀粉各适量。

调料： 料酒、精盐、香油、鸡精、植物油各适量。

做法：

1 西芹洗净切丝；蕨菜洗净切段，用沸水焯一下；火腿切丝；鸡丝中加入鸡精拌匀，用沸水焯一下，变色后捞出。

2 炒锅点火倒入植物油，放入葱姜丝煸出香味，加入西芹、火腿、鸡丝、蕨菜、料酒、精盐炒匀，水淀粉勾薄芡，出锅时再淋上一点儿香油即可。

贴心提示： 蕨菜的有效成分能扩张血管，降低血压；粗纤维能促进胃肠蠕动，具有下气通便的作用。民间常用蕨菜治疗泄泻痢疾及小便淋漓等。芹菜具有降血压、镇静、健胃、利尿消肿等疗效，是一种保健蔬菜。

糖醋白菜

原料：白菜500克，干红辣椒、榨菜、姜丝各适量。

调料：植物油、白糖、精盐、香油各适量。

做法：

1 将白菜切成条，注意使菜的根部、菜帮和菜心连在一起，不要断开；将榨菜、干红辣椒切成细丝。

2 净锅上火，加植物油烧至五成热，放入白菜炸透，捞出。

3 锅内留底油，烧热后放入干红辣椒丝、榨菜丝、姜丝煸炒，加入白糖、精盐和白菜条，小火烧至汁浓菜烂，淋上香油即可。

贴心提示：白菜有清热解毒、消肿止痛、调和肠胃、通利大小便等功效。

西瓜皮炒肉丝

原料：西瓜皮250克，肉丝200克，鸡蛋清1个，水淀粉适量。

调料：精盐、植物油、料酒、香油各适量。

做法：

1 将西瓜皮切去外边表皮，洗净，然后切成细丝，用少量精盐拌和，放置片刻，挤去盐水；肉丝加精盐、料酒、鸡蛋清和水淀粉拌匀。

2 净锅上火，放植物油，烧热投入肉丝滑散，见肉丝变色时即捞出。

3 锅留余油，放少许水、精盐，烧开后投入西瓜皮丝及肉丝，拌炒后，下水淀粉勾芡，淋上香油，出锅即成。

贴心提示：西瓜是水果中的利尿专家，多吃可减少留在身体中的多余水分。西瓜皮含糖分也不多，多吃也不会导致肥胖。

产后出血

产后出血(中医称血崩)是指新妈妈分娩后阴道突然大量出血。具体说，经阴道生产的新妈妈出血量超过500毫升，或经剖宫生产的新妈妈出血量超过1000毫升，这都属于产后出血。

产后出血是产后危急重症之一，它与产后宫缩乏力、软产道损伤、胎盘胎膜部分残留、凝血功能障碍有关。若救治不及时，可引起虚脱，甚至危及新妈妈的生命。

饮食方案

1 多吃富含维生素E的食物。富含维生素E的食物有小麦芽油、棉子油、花生油、豆油等植物油，小米、玉米等全粒粮谷，菠菜、莴笋、甘蓝等绿色蔬菜，牛奶、鸡蛋、动物肝心肾、肉类、鱼类、胡萝卜、甘薯、马铃薯、奶油、青豆、番茄、香蕉、苹果等，新妈妈可多多食用。

2 多吃含维生素K的食物。维生素K可以控制血液凝结。为了防止产后出血不止，新妈妈在孕期期间就可以多吃一些富含维生素K的食物，如菜花、油菜和鸭肝等，这将会在一定程度上避免产后出血不止。

3 忌食寒凉、刺激性食物或药物。如西瓜、芥菜、车前草、薄荷，及腌渍、烧烤、油炸等食物。

4 忌滥用药物补品。如人参，有出血倾向的新妈妈产后贸然服用人参，会有产后大出血或恶露排出不畅的后遗症。

🍒 特效美食

鸭血羹

原料： 菠菜80克，鸭血50克，枸杞子20克，葱花、姜末各适量。

调料： 植物油、精盐各适量。

做法：

1 菠菜洗净，放入沸水中略焯，捞出来控干水分；将鸭血洗净，切薄片备用。

2 锅内倒入植物油，烧至八成热，下入葱花、姜末炒香，下入鸭血翻炒几下，加入适量水，下入枸杞烧开；加入菠菜、精盐，稍煮一会儿即可。

贴心提示： 鸭血中含有丰富的铁元素、维生素，具有补血的功效，同时也能缓解产后出血的症状；枸杞子中的维生素C有利于铁元素的吸收，从而起到补血效果，枸杞子还能提高新妈妈的免疫力，降低产后出血发生的概率。

番茄炒肉片

原料： 瘦猪肉250克，番茄2个，豆角100克，葱末、姜末、蒜末各适量，高汤1碗。

调料： 植物油、精盐各适量。

做法：

1 番茄去皮切厚片；瘦猪肉洗净切薄片；豆角去筋洗净切段。

2 起锅热油，下葱、姜、蒜末炝锅，再倒入肉片煸炒。

3 待肉片发白时倒入番茄、豆角略炒后加高汤焖煮片刻。

4 待豆角熟透后加适量精盐拌匀即可。

贴心提示： 番茄中含有丰富的维生素C和维生素E，维生素C能提高铁元素在体内的吸收，从而达到补血的效果；维生素E能缓解产后出血不止的症状。

猪肝拌瓜片

原料: 黄瓜200克,熟猪肝150克,香菜50克,海米25克。

调料: 酱油、醋、精盐、花椒油各适量。

做法:

1 黄瓜洗净切片,放在盆内。熟猪肝去筋切片,放在黄瓜上。香菜洗净去根切段,撒在熟猪肝片上。

2 海米用开水发好,倒入盆内。

3 各种调料搅匀浇在黄瓜片和熟猪肝片上即成。

贴心提示: 猪肝中含有丰富的维生素A和E,能在一定程度上避免新妈妈产后出血不止的现象。

白灼鲜鲈鱼

原料: 活鲜鲈鱼500克,干红辣椒5克,菜心、花椒、葱姜末、蒜末、高汤各适量。

调料: 精盐、料酒、生抽、植物油各适量。

做法:

1 活鲜鲈鱼杀洗干净,去鳞鳃,除内脏,取肉,片成鱼片,入沸水中,加精盐、葱姜末、料酒焯烫至断生,捞出,摆在盘中;菜心洗净,入沸水中烫熟,捞出沥水,摆入鱼盘中。

2 将高汤、精盐、料酒、生抽、蒜末调成味汁。

3 炒锅上火,倒入植物油烧热,下入干红辣椒、花椒炸出香味,倒入装有鱼片的盘中,再浇入调好的味汁,拌匀即可。

贴心提示: 鲈鱼含有丰富的蛋白质、维生素等,适用于脾胃虚弱、食少体倦或气血不足的新妈妈。

番茄双花

原料: 菜花、西蓝花各200克,番茄100克,番茄酱、葱花各适量。

调料: 白糖、精盐、植物油各适量。

做法:

1 将菜花、西蓝花洗净,去除根部,切成小朵,入沸水中焯一下,捞出,投凉沥水;番茄洗净,切成小丁。

2 炒锅上火,倒油烧至六成热,下入葱花爆香,随后放入番茄酱翻炒片刻,加入少许清水,大火烧沸。

3 将菜花、西蓝花和番茄放入锅中,调入精盐和白糖翻炒均匀,待汤汁收稠后装盘,撒上葱花即可。

贴心提示: 菜花含维生素K丰富,维生素K可以控制血液凝结,可以在一定程度上避免产后出血不止。

烩鸡肝

原料：鸡肝300克，小黄瓜1根，胡萝卜100克，姜片、水淀粉各适量。

调料：精盐、醋、香油、植物油各适量。

做法：

1 所有原料洗净，鸡肝剥除筋及膜，切小块，入沸水锅氽熟，捞出沥干；小黄瓜、胡萝卜均切菱形片。

2 净锅倒入植物油烧热，下姜片爆香，倒入鸡肝、黄瓜片、胡萝卜片拌炒，倒入水淀粉，最后加入精盐、醋炒匀，淋上香油即可。

贴心提示：鸡肝含铁丰富，具有补血的效果；胡萝卜中的胡萝卜素可转变成维生素A，有助于增强机体的免疫力。这道菜在一定程度上可以避免产后出血不止的情况。

产后抑郁

抑郁是最常见的心理疾病，在全世界的发病率约为11%。而在产后新妈妈中，更为常见，因此，产后新妈妈要小心呵护自己的心情，远离产后抑郁。

新妈妈产后抑郁的原因

1 内分泌影响。分娩后产妇体内雌激素、孕酮、催乳素等激素水平发生急剧变化，进而改变神经递质的活动，这可能导致一些产妇在产后发生情绪上的变化，出现思维迟钝、躯体倦怠、情绪低落等表现，从而产生抑郁症状。

2 生产时的创痛没有得到平复。生产使新妈妈经历了剧痛，产后伤口恢复需要较长的时间，新妈妈容易烦躁。如果在产后恢复不良，发生其他情况，如感染、发炎、伤口崩裂等情况，身体有更长时间的不适，新妈妈对健康的担忧加剧，渐渐产生了对生育价值的怀疑，进而怀疑自己的人生，这也容易引发产后抑郁。

3 不适应母亲的角色。新妈妈对作为"母亲"这个新角色既新鲜又恐惧，感到不能胜任母亲这一角色，缺乏安全感，指责自己的种种不是，经常失去控制而哭泣不止。

♣ 饮食方案

1 摄入充足的热量。保证足够热量摄入，能够使脑细胞的正常生理活动获得足够能量。由于心情抑郁时大都有不同程度上的食欲减退，甚至出现厌食症状，因此要在食物的色、香、味上做文章，以刺激胃口，增强食欲，促进摄入热量物质，保证大脑活动所需。

2 摄入充足的维生素和矿物质。人的大脑需要维生素和矿物质将葡萄糖转化为能量，新妈妈每天至少要食用5份80克的水果和蔬菜，尤其是绿色、多叶、含镁丰富的蔬菜。

3 增加蛋白质的摄入。鱼虾、瘦肉中含有优质蛋白质，可为脑活动提供足够兴奋性介质，提高脑的兴奋性，对抵抗抑郁症状是有所帮助的。

4 维生素B可对抗精神抑郁。维生素B对治疗精神抑郁有较大的帮助，可以帮助大脑制造血清素，减少忧郁。维生素B_{12}可从动物身上获取，食用动物肝脏、鸡蛋黄和鱼类可提高B族维生素在血液中的含量。

5 含硒高的食物可改善情绪。含硒的食物同样可以治疗精神抑郁问题。硒的丰富来源有干果、鸡肉、海鲜、谷类等。复合性的碳水化合物，如全麦面包、苏打饼干也能改善情绪。

> **贴心提示**
>
> 音乐通过声波有规律的频率变化，作用于大脑皮质，并对丘脑下部和边缘系统产生效应，调节激素分泌、血液循环、胃肠蠕动、新陈代谢等，从而改变人的情绪体验和身体机能状态。产后抑郁的新妈妈宜选用轻松愉快的音乐。

♨ 特效美食

苹果鹌鹑

原料：苹果、鹌鹑脯肉各250克，葱丝、姜丝、淀粉各适量。

调料：五香粉、植物油、精盐、料酒、红糖各适量。

做法：

1 将鹌鹑脯肉洗净，切成小方块，放入碗中，加淀粉抓匀上浆。

2 苹果洗净，去皮和核，切成滚刀块。

3 炒锅上火放入植物油，烧至七成熟，下入鹌鹑脯肉滑散至八成熟，捞出控油。

4 锅中加姜丝、葱丝、红糖、料酒、清水烧开，放入苹果块和鹌鹑脯肉，小火煮15分钟，烧至鹌鹑脯肉熟烂，加入精盐、五香粉调味，用淀粉勾芡即成。

贴心提示：鹌鹑脯肉含丰富的卵磷脂，可生成溶血磷脂，磷脂是高级神经活动不可缺少的营养物质，具有健脑作用；苹果中的维生素C能有效保护心血管。所以此美食可有效缓解情绪烦躁，防治产后抑郁。

笋香猪心

原料： 猪心1个约75克，莴笋200克，葱姜末、花椒、干椒粒各适量。

调料： 植物油、精盐、香油各适量。

做法：

1 将猪心洗净，煮熟切片；莴笋去皮，洗净切片。

2 净锅上火，倒入植物油烧热，下葱姜末、干椒粒、花椒爆香。

3 倒入莴笋煸炒至八成熟，调入精盐，加入猪心片炒匀，淋入香油，装盘即可。

贴心提示： 这道美食有良好的营养滋补之功，特别是对产前抑郁、神经衰弱等症大有裨益。

心心相印

原料： 鸡心200克，猪心100克，莴笋30克，胡萝卜20克，香葱适量。

调料： 精盐、白糖、川椒油、胡椒粉、麻椒油各适量。

做法：

1 将鸡心切花刀，猪心洗净改刀，均入沸水中汆至熟，捞出凉凉。

2 莴笋、胡萝卜洗净改刀成心形，入沸水中汆烫，捞出凉凉。

3 将鸡心、猪心、莴笋、胡萝卜倒入碗内，调入精盐、白糖、川椒油、麻椒油、胡椒粉、香葱，拌匀，装盘即可。

贴心提示： 鸡心、猪心都具有益气补血、清心安神的作用。莴笋含有多种维生素和矿物质，具有调节神经系统功能的作用。

肉末四季豆

原料： 猪肉300克，四季豆250克，蒜蓉适量。

调料： 植物油、鸡精、精盐、料酒、花椒油各适量。

做法：

1. 将猪肉洗净切末；四季豆择洗干净，切成丝。

2. 净锅上火，倒入植物油烧热，下蒜蓉炝香，再下入猪肉末煸炒。

3. 烹入料酒，放入四季豆炒至八成熟，调入精盐、鸡精，翻炒均匀，淋入花椒油即可。

贴心提示： 四季豆有调和肝腑、安养精神、益气健脾、消暑化湿和利水消肿的功效。此美食有利于防治新妈妈产后抑郁。

香蕉鲜桃汁

原料： 鲜桃100克，香蕉100克，冷开水适量。

调料： 蜂蜜1小匙。

做法：

1. 将香蕉去皮；鲜桃洗净，去皮，去核。

2. 将香蕉、鲜桃一起放入榨汁机中，加入冷开水榨出果汁，加入蜂蜜，调匀即可。

贴心提示： 香蕉中含有一种生物碱，可以振奋精神。而且香蕉是色胺酸和维生素B_6的超级来源，这些都可以帮助大脑制造血清素，减少产生忧郁的情形。

乳腺炎

产后乳腺炎是产褥期常见的一种疾病,多为急性乳腺炎,常发生于产后3~4周的哺乳期妇女,所以又称之为哺乳期乳腺炎。

产后乳腺炎的原因

1 乳汁淤积、排乳不畅是产后乳腺炎发病的主要原因。造成乳汁滞留的原因可能是宝宝吸吮姿势不正确,导致奶水没办法完全被吸出。而宝宝在吸不到乳汁的情况下便会越吸越大力,会将新妈妈的乳头咬破,进而造成细菌感染,使细菌进入乳房组织。

2 孕期忽视了乳头的保养,而使乳头皮肤表皮薄弱易损。由于产妇的乳头皮肤抵抗力较弱,容易在宝宝的吸吮下造成损伤,使乳汁淤积,细菌侵入。

3 有些新妈妈的乳头发育不良,如乳头内陷,也有碍哺乳的进行。

4 新妈妈的乳汁中含有比较多的脱落上皮细胞,更容易引起乳管的阻塞,使乳汁淤积加重,如不及时疏通,极易发生乳腺炎。

♬ 饮食方案

1 产后乳腺炎新妈妈宜食清淡而富于营养的食物,多食新鲜蔬菜、瓜果,如番茄、丝瓜、黄瓜、鲜藕、橘子等,忌食辛辣、刺激、荤腥油腻之品。

2 产后饮食调养注意蛋白质、多种维生素、微量元素的摄入。

3 多食用甘凉滋润之品,如梨、乌梅、香蕉、莲藕、荸荠、胡萝卜、海蜇等。

4 乳腺炎宜食海带、海藻、紫菜、牡蛎、芦笋、鲜猕猴桃等具有化痰软坚散结功能的食物。

5 应适当减少脂肪的摄入量。如少食肥肉、乳酪、奶油等,忌食辛辣之品,如辣椒、胡椒、大蒜、蒜薹、大葱、洋葱、芥末、韭菜,及老南瓜、醇酒厚味等,以免助火生痰。

6 忌食海腥河鲜等催奶的食物,如墨鱼、鲤鱼、鲫鱼、鳝鱼、海鳗、海虾、带鱼、乌贼鱼等。海腥河鲜食物食入后,易生热助火,使炎症不易控制,故应忌食。

7 忌食温热性食物,如鸡肉、羊肉、狗肉、雀肉、雀蛋、茴香、生姜、酒、香菜、荔枝、龙眼肉等,易生热助火,使病情加重。

8 忌辛辣刺激食物。急性乳腺炎为热毒蕴结所致,辛辣刺激食物可助热生火,使炎症进一步扩散,故应忌食辣椒、辣酱、辣油、芥末、榨菜、咖喱、大蒜等。

♪ 特效美食

咸香白薯粥

原料：白薯300克，大米100克，胡萝卜50克，水发青豆、荸荠各25克，虾米10克，蒜泥适量。

调料：精盐、胡椒粉、植物油、鸡精各适量。

做法：

1 大米淘净；白薯、胡萝卜、荸荠(去皮)洗净，均切丁；虾米浸软洗净；水发青豆浸泡洗净。

2 锅内倒入植物油烧至六七成热，下蒜泥略炒，再下虾米，炒出香味后盛出。

3 锅上火，放水烧开，倒入大米、蒜泥、虾米、白薯丁、胡萝卜丁、水发青豆，大火烧开，用小火煮40分钟左右。

4 再放荸荠丁，续煮5~8分钟，加精盐、胡椒粉和鸡精调味即可。

贴心提示：白薯含有大量膳食纤维，能刺激肠道，增强肠道蠕动，从而起到通便排毒的功效。这道菜可以清热解毒、止痛，适用于急性乳腺炎早期。

鳕鱼牛奶

原料：鳕鱼肉100克，牛奶2杯。

调料：精盐适量。

做法：

1 将鳕鱼肉洗净后捣碎。

2 将鳕鱼肉加牛奶煮熟，再加少许精盐调味即可。

贴心提示：牛奶及其制品有益于乳腺保健；鳕鱼肉含有丰富的优质蛋白质、DHA、钙、磷等营养成分。两者搭配食用，对帮助新妈妈补钙、提高身体免疫力，促进宝宝身体、大脑和神经系统的发育都有很好的作用。

鲜橙汁冲米酒

原料：鲜橙汁300克，江米酒20克。

做法：

　　将江米酒冲入鲜橙汁内即可。

贴心提示：适用于急性乳腺炎、哺乳期乳汁排出不畅、乳房红肿、硬结疼痛等症。

蒲公英茶

原料：蒲公英20克。

做法：

　　蒲公英洗净，切碎，煎汤即可。

贴心提示：蒲公英是药食兼用的植物。它性平味甘微苦，有清热解毒、消肿散结及催乳作用，对治疗乳腺炎十分有效。

灰树花包子

原料：小麦面粉400克，油菜200克，灰树花180克，水发木耳80克，油面筋60克，鲜酵母3克。

调料：香油、精盐、白糖、植物油各适量。

做法：

1 灰树花洗净撕碎；水发木耳、油面筋洗净后剁碎；油菜洗净，以沸水略烫后捞出，投凉沥水，切末。

2 炒锅上火，倒油烧至六成热，加入灰树花末、水发木耳、油面筋、精盐、白糖煸炒熟，起锅时再加油菜末拌匀，最后淋上香油即成馅心。

3 小麦面粉加鲜酵母，用温水揉成面团，发酵后做成圆皮坯，包入馅料，做成包子，静置15分钟后放入蒸笼，蒸10分钟即可。

贴心提示：灰树花具有清热解毒、化淤消肿的作用，适用于产褥期急性乳腺炎；油菜中含有大量的植物纤维素，能促进肠道蠕动，从而治疗便秘。

五味猪肚

原料： 猪肚1个约400克，知母、花粉、麦冬各9克，黄连3克，乌梅2克。

调料： 精盐适量。

做法：

1 猪肚洗净，在沸水中焯去血水。

2 乌梅研末，同黄连、知母、花粉、麦冬、精盐一同纳入猪肚中，用麻线缝好切口，上笼蒸约2小时，蒸酥后去药，食猪肚。

贴心提示： 此美食具有清热消肿、通畅乳管的功效。

附录1 顺产新妈妈产后护理

早下床活动

早下床活动,可以帮助肠蠕动,减轻腹胀,及预防血管栓塞。新妈妈第一次下床,可能因姿势性低血压、贫血或空腹造成血糖下降而头晕,最好是在家属或护理人员协助及陪伴下下床。下床时,新妈妈动作要慢,先坐于床沿,无头晕再下床。新妈妈在顺产后24小时后可以下床,新妈妈在下床时可以使用腹带或用手支托伤口,以减轻伤口疼痛。

侧切后的伤口护理

会阴伤口拆线前,每天应该冲洗两次伤口,大便后也要冲洗1次,然后用面巾纸轻拍会阴部,保持伤口的干燥与清洁。新妈妈可以用温开水泡浴伤口,每天泡4次,每次泡15分钟,可帮助缝线的吸收(现在的医生一般都是使用可吸收而不用拆线的缝线),并可促使伤口尽快愈合,避免感染。注意保持大便通畅,排便时最好采用坐式,并尽量缩短时间,以防伤口裂开。拆线后,在伤口未彻底愈合时也不要进行过多、过剧烈的运动,以免伤口裂开。

观察恶露,保持清洁

产后恶露约持续4~6周,一般情况下,新妈妈可以用环形方向按摩腹部子宫位置的方法,让恶露能够顺利排出。在恶露排出期间,建议采用卫生巾或卫生护垫,不宜用内置棉球,刚开始约1小时更换一次,之后2~3小时更换即可。更换卫生垫时,由前向后拿掉,以防细菌污染阴道。注意手不要直接碰触会阴部位,以免感染,不利于伤口的愈合。在大小便后用温水冲洗会阴,擦拭时务必由前往后擦拭或直接按压拭干,勿来回擦拭。冲洗时水流不可太强或过于用力冲洗,否则会造成保护膜破裂。

适当按摩,促进子宫恢复

按摩子宫可以帮助子宫的复原及恶露的排出,还可预防因收缩不良,而引起产后出血。

方法：先找出子宫的应置。自然分娩的新妈妈，可以轻易在肚脐下，触摸到一个硬块，即子宫的应置。当子宫变软时，用手掌稍施力量于子宫位置环行按摩，使子宫硬起，则表示收缩良好；当子宫收缩疼痛厉害，则暂时停止按摩，可采用俯卧姿势以减轻疼痛，若仍疼痛不舒服，影响休息及睡眠，可通知医护人员。剖宫产有伤口的新妈妈不适合进行子宫按摩。

关注排便，避免尿潴留和便秘

正常情况下，顺产后2~4小时新妈妈就会排尿，产后12~24小时排尿会大为增加。一般医生都会提醒你早排尿。由于会阴伤口疼痛及生产时膀胱和尿道受损及压迫，可能在产后有解小便或解不干净的感觉。如果4小时后仍没有排尿或者解小便不通畅，建议及时找医生就诊，以免发生尿液潴留，必要时在医生的指导下使用导尿管。

产后大便的时间因人而异。一般而言，由于孕期便秘、分娩或药物等多种原因的影响，新妈妈生完宝宝后的头两天不排便是很常见的。但为避免产后便秘，新妈妈要养成产后去厕所的习惯。此外，月子期间，注意饮食均衡，多吃高纤维食物，特别是蔬菜、水果，多喝水，还要尽早在身体允许的条件下下床走动，避免便秘。

坐月子怎么吃

附录2　剖宫产新妈妈产后护理

剖宫生产对身体的损伤极大，药效过后的伤口会相当痛，一直到排气为止才舒缓，因此，新妈妈更要重视产后护理。

术后6个小时内卧床休息

剖宫产术后的产妇身体恢复较慢，不能与顺产新妈妈一样，在产后24小时后就可起床活动。剖宫产妈妈术后6小时内应卧床休息，在最初的两天，不论用餐、如厕都必须在床上进行。剖宫产新妈妈卧床休息时应采取半卧位，配合多翻身，这样有利于恶露排出。

护理剖宫产的伤口

现在的剖宫产手术，大多是由下腹部耻骨上缘一指半到二指处开横的切口。在新妈妈剖宫生产的隔天，医护人员会检查伤口并换药，出院当天再换一次药，之后就直接贴上纸胶。

一般情况下，剖宫产伤口的疼痛在3天后会自行消失。新妈妈可以采取半卧位，以减少伤口的张力，减轻疼痛。下地活动或咳嗽时，新妈妈可以用一只手捂住伤口，防止伤口被牵扯而疼痛。听听轻音乐(或其他比较舒缓的音乐)，与家人分享与小宝宝在一起的快乐(比如看宝宝游泳、洗澡)等，都可以分散注意力，减轻疼痛。

术后2周内，避免腹部切口沾湿，全身的清洁宜采用擦浴，且要勤换内衣。一般剖宫产后14天左右，在伤口完全愈合好，伤口无红肿、渗出的情况下，新妈妈就可以淋浴，但时间不要过长，最好不要超过20分钟，并保证室温在26℃左右、水温在37℃左右(注意一定不能盆浴或坐浴)。洗浴时，新妈妈应注意不要揉搓伤口。每次洗完澡可用干毛巾将纸胶轻轻擦干，约一星期更换一次纸胶，更换纸胶时可用75%的酒精清洁伤口。如果没有问题，不需再涂抹任何药物。

卧床期间应该多翻身

麻醉药物可抑制肠蠕动，引起不同程度的肠胀气，因而发生腹胀。因此，产后宜多做翻身动作，促进麻痹的肠肌蠕动功能及早恢复，使肠道内的气体尽快排出。剖宫产术后12小时，可用橙子皮泡水喝，以帮助减轻腹胀。

产后注意排尿

为了手术方便，通常在剖宫产术前要放置导尿管。术后24~48小时，麻醉药物的影响消失，膀胱肌肉才又恢复排尿功能，这时可以拔掉导尿管。新妈妈只要一有尿意，就要努力自行解尿，降低导尿管保留时间过长而引起尿路细菌感染的危险性。

尽力早下床活动

不要以伤口疼痛为借口，而逃避下床活动。只要体力允许，产后应该尽量早下床活动，并逐渐增加活动量。这样，不仅可增加肠蠕动的功能，促进子宫复位，而且还可避免发生肠粘连、血栓性静脉炎。下床时先行侧卧，以手支撑身体起床，避免直接用腹部力量坐起。在咳嗽、笑、下床前，以手及束腹带固定伤口部位，减少伤口疼痛。

附录3　新生儿怎么喂养

母乳喂养方案

尽量母乳喂养

新妈妈的乳汁是保证宝宝健康的最佳食品，它含有极为丰富的营养，也可以增强宝宝的免疫力，好处很多。

含优质蛋白质和脂肪	质量好，利用率高，易于吸收消化，母乳中几乎含宝宝生长发育所需的各种营养要素
铁	母乳中含的铁有50%能被宝宝所吸收，是各种食物中吸收最好的
钙	母乳中的钙、磷比例合适，容易被吸收
免疫力	母乳中含有抗感染的活性白细胞、免疫抗体和其他免疫因子，尤其是初乳含有大量免疫球蛋白，可以保护宝宝免受细菌感染，不易发生肺炎等疾病
乳蛋白	母乳中含有乳蛋白，它能阻止那些需铁的有害细菌的生长
益智	母乳中含有对脑发育有特别作用的牛磺酸，其含量是牛奶中的10~30倍；同时母乳喂养过程也是对宝宝大脑的良性刺激，可以提高宝宝的智商
便利、经济	母乳的温度适宜、清洁卫生、无菌，并可随时供给宝宝，不受时间、地点的限制

每个宝宝每天喂奶的次数和数量，需要根据实际需求进行调整，可以按需，也可以按时。

约3~4小时喂一次：

新生宝宝的胃大概每3个小时就会排空一次，但如果宝宝胃容量小，2个小时就空了，这时喂奶间隔要缩小，饿了就要喂。

每次喂40~50毫升奶：

宝宝的吃奶量不要强求，大多数新生宝宝每顿吃40~50毫升。只要睡眠正常，大便正常，体重增加正常，就没有问题。

母乳喂养的姿势

怎样抱着宝宝：

无论将宝宝抱向哪一边，宝宝的身体应与新妈妈的身体相贴，头与双肩朝向乳房。

要确保宝宝鼻部没有受压，保持宝宝头和颈略微伸展，以免鼻部压入乳房而影响呼吸，但也要防止头部与颈部过度伸展造成吞咽困难。

手的正确姿势：

将拇指和其他四个手指分别放在乳房上、下方，托起整个乳房喂哺。

避免"剪刀式"夹托乳房，那样会反向推乳腺组织，阻碍宝宝将大部分乳晕含入口内，不利于充分挤压乳房中的乳汁。

抱着的姿势：

坐位。

取坐位时，椅子高度要适宜，椅背不宜后倾。喂哺时，新妈妈应紧靠椅背促使背部和双肩处于放松姿势，用枕头支托宝宝，还可以在脚下垫上脚凳，使体位更加舒适、松弛，有益于排乳。

哺乳过后应竖抱宝宝：

哺乳后，不要立即把宝宝放在床上，以免溢乳。应该将他竖着抱起来，让他的头趴在新妈妈的肩膀上。轻轻拍打其背部，帮助他打嗝，排出吃奶时吸入的空气。

放松：

喂宝宝时可采取不同姿势，重要的是新妈妈的心情愉快、体位舒适，全身肌肉放松，这有益于乳汁排出和便于宝宝吸吮。

两次喂奶之间要喂水：

婴儿需水量：

每千克体重	出生24小时内	1~3天内	4~7天	第2周
需水量（毫升）	20	20~40	60~100	120~150

混合喂养方案

混合喂养的时机：

如果你是一个职场白领，生完宝宝就必须重返职场，这种情况下，要实现宝宝的纯母乳喂养比较困难，这时需要混合喂养。

另外一种情况是，新妈妈乳汁分泌较少，满足不了宝宝的需求。此时，必须添加代乳品，这也叫做混合喂养。

怎样判断母乳能不能满足宝宝需求：

1.观察宝宝吃奶时的表现。

吃奶吞咽时间累计不足10分钟；

吃奶到最后会哭一会儿；

睡眠时间较短，醒来就要吃奶；

大便呈绿色黏液状。

出现这些情形时，新妈妈需要酌情为宝宝添加奶粉。

2.留心宝宝体重增加情况。

如果宝宝每周体重增长不足125克，或在满月时体重增长不足500克，就说明宝宝吃不饱，需要进行混合喂养。

在添加奶粉后，建议新妈妈不要立即停止母乳喂养，尤其是母乳分泌不足的新妈妈。要增强自信继续母乳喂养，在宝宝不断地吮吸中，泌乳量还是有可能继续增加的。

混合喂养的方法

混合喂养的方法一：

先吃母奶，续吃牛奶或其他代乳品，牛奶量依月龄和母乳缺乏程度而定。开始可让宝宝吃饱，满意为止；经过几天试喂，宝宝大便次数及性状正常，即可限定牛奶补充量。因每天哺乳次数没变，乳房按时受到吸乳刺激，所以对泌乳没有影响。这是一种较为科学的混合喂养方法。

混合喂养方法二：

停哺母乳1~2次，以牛奶或其他代乳品代哺。这种代授牛奶的方法，因哺母乳间隔时间延长，容易影响母乳分泌，所以应谨慎选择。

混合喂养时，如果想长期用母乳来喂养，最好采取第一种方式。因为每天用母乳喂，不足部分用人工营养品补充的方法可相对保证母乳的长期分泌。如果新妈妈因为母乳不足，就减少喂母乳的次数，会使母乳量越来越少。

采取第一种喂养方法时，可以采取这样的具体操作方法：

一般在下午四五点钟喂给1次配方奶，可以先准备100毫升配方奶粉。如果宝宝一次都喝光，好像还不饱，下次可冲120毫升；如果

宝宝不再哭闹，体重每天增长30克（或一周增加200克以上），表明配方奶粉的添加量合适；如果宝宝仍然饿得哭，夜里醒来的次数增加，体重增长不理想，可以一天加2次或者3次，但一定要保证当天的母乳能被吃完。

新生儿全日哺乳量：

出生天数	1	2	3	4	5	6	7	14	30
全日哺乳量（毫升）	0	90	190	310	350	390	470	500	560

注：因具体情况的不同，宝宝的哺乳量可略有出入。

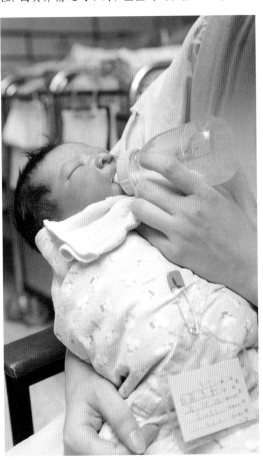

人工喂养方案

人工喂养重在奶粉冲调

6个月以内的宝宝，由于各种原因母亲不能亲自喂哺时，可采用其他动物乳(牛奶、羊奶、马奶）或其他代乳品喂哺，称之为人工喂养。只要选择得当、调配正确、注意消毒，也可以满足宝宝的营养需要，保证生长发育良好。

冲调奶粉的步骤：

1 洗手。泡奶前，须先洗净双手。

2 加温水。泡奶时，取消毒过的奶瓶先加入适量的温开水，开水温度最好在40~50℃。不要用滚烫开水冲泡奶粉，易结成凝块，可能造成宝宝消化不良。

3 取奶粉。加入正确数量平匙的奶粉，奶粉需松松的，不可紧压，再用筷子或刀子刮平，对准奶瓶将奶粉倒入奶瓶。

4 摇晃。套上奶嘴，轻轻摇匀。

5 试温度。将奶瓶倒置，把奶滴到手背上，感觉温度适宜即可。

参照奶罐上说明书，每一种厂牌奶粉匙大小不同，加水量也不同，应事先看清楚。

配方奶粉应严格按照奶粉说明调配，过浓、过稀都达不到营养效果。第一次喂食注意观察宝宝的皮肤和大便，在两次奶之间一定要给水，人工喂养的宝宝要多喝水才行，否则容易上火。

奶嘴上的奶洞一定要合适，奶洞太小，宝宝会厌烦而哭闹不安或因吸吮太累而睡着，影响摄取奶量，太大易呛到或者吸入太多的空气而吐奶。

奶瓶的清洗与消毒

喂奶后，要立即将奶瓶和奶认真地刷干净。

清洗用品准备：

奶瓶刷2支（一大一小），奶瓶清洁剂1支。

清洗方法：

先倒掉残奶，再冲入清水，并加入清洁剂，用大奶瓶刷刷洗瓶壁、瓶底及瓶颈部，再用小奶瓶刷刷洗奶瓶口的螺纹、奶瓶盖。

然后重点清洁奶嘴，先刷奶嘴里面，可以把奶嘴翻过来仔细刷，然后清理一下出奶孔，最后翻过来，清洁外面。

洗干净后，用清水里里外外冲洗几次，放在干净的地方倒扣晾干即可。

刚出生的宝宝抵抗力较弱，配奶时每次均需使用消毒过的奶瓶，一直持续到宝宝5~6个月大。

消毒器或有盖的大锅，最好是专用煮锅；

洗奶瓶用毛刷1套；

夹奶瓶、奶嘴用的镊子。

消毒步骤：

先用肥皂清洗双手，在干净的消毒锅加入八分满的水，进行加热。

玻璃奶瓶于冷水时放入锅内至煮沸，再将奶盖、奶圈、镊子放入再煮5~8分钟。奶嘴的消毒以3分钟为好，在关火前3分钟放入。

亚克力奶瓶于水沸后和奶盖、奶圈、镊子一起放入煮5~8分钟；奶嘴后放。

用镊子将奶瓶夹出，将水分沥干，再用镊子将奶嘴套入奶圈拴于奶瓶上，再将奶盖盖上。

同法处理其他奶瓶，将消毒好的奶瓶放置于一干净的地方，备用。

坐月子 怎么吃

图书在版编目(CIP)数据

坐月子怎么吃／尹念编著.—北京：中国人口出版社，2012.9
（食全食美）

ISBN 978-7-5101-1358-1

Ⅰ.①坐…　Ⅱ.①尹…　Ⅲ.①产妇—妇幼保健—食谱　Ⅳ.①TS972.164

中国版本图书馆CIP数据核字（2012）第198036号

坐月子怎么吃

尹念　编著

出版发行	中国人口出版社	
印　　刷	沈阳美程在线印刷有限公司	
开　　本	820毫米×1400毫米　1/24	
印　　张	8	
字　　数	200千	
版　　次	2012年9月第1版	
印　　次	2012年9月第1次印刷	
书　　号	ISBN 978-7-5101-1358-1	
定　　价	29.80元	

社　　长	陶庆军
网　　址	www.rkcbs.net
电子信箱	rkcbs@126.com
电　　话	(010) 83534662
传　　真	(010) 83515922
地　　址	北京市西城区广安门南街80号中加大厦
邮政编码	100054